자동차산업

황승진

23

도서출판
해남

자동차산업

초판1쇄 인쇄 2026년 1월 26일
초판1쇄 발행 2026년 1월 30일

저 자 황승진
발행인 노현철
발행처 도서출판 해남

출판등록 1995. 5. 10 제 1-1885호
주 소 서울특별시 마포구 마포대로8길 9 영명빌딩 405호
전 화 739-4822
팩 스 720-4823
이 메 일 haenamin30@naver.com
홈페이지 www.hpub.co.kr

ISBN 978-89-6238-823-7 93320

이 저서는 2021년 대한민국 교육부와 한국학중앙연구원(한국학진흥사업단)을 통해 K학술확산 연구소사업의 지원을 받아 수행된 연구임(AKS-2021-KDA-1250002).

머리말

한국의 자동차산업은 2009년 수출 100만 대 목표를 달성한 이후, 2024년까지 자동차 생산에서 세계 7위 이내의 수준을 기록하고 있다. 1940년대 말 소규모 자동차수리업으로부터 시작된 자동차공업이 세계적 수준의 수출 주력 산업으로 성장할 수 있었던 이유는 한국 경제의 고도성장기, 정부의 자동차 부품 국산화와 과학기술 관료들의 고유 모델 개발 정책, 그리고 기업가들의 과감한 투자와 혁신적 의지가 융합되었기 때문이다.

특히, 정부의 중화학공업 육성전략, 「장기자동차공업진흥계획」, 그리고 현대자동차의 고유 모델 포니 소형 승용차 개발 투자는 한국이 다국적기업과의 합작에서 벗어나 자동차 수출국으로 성장하게 한 전환적 계기가 되었다.

이 책에서는 식민지기부터 원조경제 시기, 고도성장기 등 시대별 한국 자동차산업의 주요 특징을

살펴본다. 정부 정책, 기업의 대응, 다국적기업 진출과 독자경영 노선의 경쟁에 대한 논의를 통해, 독자들은 한국의 자동차산업이 어떻게 국제적 비교열위와 위기를 극복하고 성장해 왔는지 그려 볼 수 있을 것이다.

또한 독자들이 한 나라의 경제에서 전후방산업 연관효과가 높은 자동차산업의 선도적 역할을 이해함으로써, 유튜브와 아이돌을 중심으로 돌아가는 문화산업 시대에, 고부가가치 제조업의 중요성을 새롭게 인식할 수 있고, 가난과 빈곤을 벗어나게 한 리더십과 과학기술의 가치에 대해 다시 한번 생각해 볼 수 있기를 기대한다.

1960~1970년대 한국 경제의 고도성장기에 정부와 기업, 과학기술자들이 어떠한 역할을 하였는지 객관적으로 공유하여 저개발국들의 산업적·경제적 발전에 도움이 되는 벤치마킹 사례가 되었으면 한다.

또한 미래차 전환 시기에 정부의 산업 정책 관련자와 이해당사자들이 집단적·당파적 이기주의를 내려놓고, 자동차산업을 포함한 여타의 산업이 지속적으로 발전할 수 있도록 협력해서, 그 성과를 소비자, 경영자, 노동자들도 고르게 나눌 수 있는 시대를 만들어 가기를 희망한다.

마지막으로, 이 책을 쓸 수 있도록 기회를 주신 서울대학교 경제학부 조영준 교수님, 한국경제와 K 학술확산 연구센터 여러분께 감사의 인사를 드린다. 그리고 네 아이를 키우고 묵묵히 기도하며 곁에서 응원해 준 아내에게 사랑의 마음을 전하고 싶다.

2026. 1

황승진

차례

들어가며

한국은 2023년 424만 대의 자동차를 생산하며 세계 생산 점유율 4.5%를 기록하였다. 2003년 이후 줄곧 세계 5위의 생산 규모를 유지해 왔으나, 2024년에 멕시코에 이어 세계 7위를 차지하였다. 이 책은 한국 자동차산업이 고유 브랜드를 통해 어떻게 국제 경쟁력을 지니게 되었는지, 성장 과정을 돌아보고 성공 요인을 분석하고자 한다.

2023년 한국 자동차산업은 432만여 대를 생산하고 284만 대를 수출하였다. 완성차와 부품을 합친 수출액은 413억 달러에 달해, 13대 주력 업종 중 반도체에 이어 두 번째로 높은 비중을 차지하고 있다.

한국의 근대적 자동차산업은 1962년에 시작되었다. 1975년 소형 승용차 고유 모델을 생산하고, 1980년대 북미 시장에 진출한 이후 가파른 성장세를 보였다. 1997년 외환위기로 약 2년간의 구조조정을 겪었지만, 이후 질적 성장과 혁신을 거듭하며 오늘에 이르고 있다.

한국이 세계 5위권의 자동차 생산국으로 발돋움할 수 있었던 주요 원인으로는 여러 가지를 들 수 있다. 먼저 소형 국민차 개발을 추진한 강력한 정부 정책과 이를 주도한 과학기술 관료들의 역할이 컸다. 또한 기술자립 전략을 추진한 기업가 정신과 자립 경영, 해외 기술을 소화·흡수할 수 있는 내부 인력의 역량도 중요하였다. 여기에 철강, 전자, 부품산업 등 연관산업의 동반성장과 경제발전에 따른 내수 증대가 조화를 이루며 성과를 낳았다.

자동차산업은 2만여 개 이상의 부품을 조립하여 이루어지는 소재·부품·장비 분야의 종합산업이다. 후방산업으로는 철강, 석유화학, 전자, 기계, 비철금속이 연관되어 있고, 전방산업으로는 운송, 렌트, 정비, 인포테인먼트(infortainment)• 등이 자리 잡고 있어 국민경제에 미치는 영향이 크다.

한국 자동차산업의 대표 기업인 현대자동차는 판매 물량 기준 세계 3위의 자동차 브랜드로 성장하였다. 반면 1970년대 초 독점적 지위를 누렸던 GM

인포테인먼트: 정보(information)와 오락(entertainment)을 합성한 용어로, 차량 탑승자에게 주행 정보와 다양한 멀티미디어, 결제 및 전송 서비스를 통합하여 제공하는 시스템을 말한다. 대형 디지털 패널, 고급 음향 시스템이 무선 인터넷과 연결된다.

코리아의 전신인 한국지엠은 2022년 내수 시장 점유율 2.7%에 그치고 있다. 이러한 차이는 어디서 비롯된 것일까?

1967년 정주영(1915~2001)이 설립한 현대자동차는 미국 포드와의 기술제휴로 승용차 조립 생산을 시작하였다. 그러나 1973년 포드와 결별하고 독자 생존 및 고유 모델 개발에 기업 역량을 집중하였다. 현대자동차는 박정희 정부 당시 중공업 차관보였던 김재관 박사가 주창한 '국민 소형차 고유 모델' 개발 정책을 적극 수용하며 성공적인 시너지를 창출하였다.

한국 자동차산업에서 '현대자동차 vs 한국지엠'의 성공과 실패는 '독자 생존형 고유 브랜드 vs 해외 의존형 다국적기업 합작'으로 요약할 수 있다. 또한 수출주도 성장을 지향하였던 정부의 산업 정책, 창조적인 기업가 정신, 그리고 가난을 벗어나고자 노력하였던 연구직·생산직 노동자들의 도전 정신이 빈약하였던 자동차산업을 발전 궤도에 올려놓았다고 할 수 있다.

미래차 산업에서는 자본과 인력이 풍부한 미국과 중국이 앞서가고 있다. 그러나 완성차와 부품을 생산하는 현대·삼성·LG·SK 등 대기업과 협력 업체가 협업하도록 정부가 지원한다면, 부족한 기술과 인력에도 불구하고, 자율차와 도심항공교통(urban air mobility: UAM) 시장에서도 한국 자동차 산업이 글로벌 경쟁력을 확보할 것으로 기대한다. 1962년 자동차산업 정책 이후 혁신적 정책이 고유 모델 개발을 불러온 역사를 상기하며 미래를 준비해야 한다.

1

자동차산업의 시작 (1900~1960년대)

자동차의 수입

해방 후 자동차 재생 사업

자동차산업 육성 정책

자동차의 수입

우리나라에 처음 등장한 자동차는 1903년 조선 고종의 어전용 4인승 승용차인 포드(Ford) 모델(Model) A로 알려져 있다. 이는 조선 제26대 임금 고종의 재위 40주년을 기념하여 미국 공사 알렌(Horace Newton Allen, 1853~1932)의 주선으로 미국에서 인천항을 통해 들여온 것이다. 당시 조선의 도로 사정은 자동차가 다니기에 넉넉지 않았다. 1392년 건국된 조선은 서울에 대로 56척, 중로 16척, 소로 11척을 건설하였다는 기록이 『경국대전』•에 남아 있다. 또한 서울-의주, 서울-부산을 잇는 도로를 포함하여 전국을 연결하는 9개의 간선도로가 존재하였다.

1905년 을사조약 이후, 일본은 경무청령으로 「가로관리규칙」을 공포하여 조선에서 보행자와 차마의 우측통행을 의무화하고 도로를 직접 관리하기 시작하였다. 1906년 초대 통감 이토 히로부미(伊藤博文, 1841~1909)는 조선 전국의 도로 상황을 파악한 후, 1907년부터 「도로개수사업 7개년계획」에 따라 기존 도로와 전혀 다른 신작로 건설에 착수하였다(김천욱 2022).

경국대전: 1455년 조선 세조가 즉위한 후 편찬되기 시작하여 1485년 성종 때 완성된 조선의 법전이다. 공전 교량조에 도성 안의 도로 규정이 명시되어 있는데, 조선 초기 거리를 재는 데 사용된 주척 1척의 길이는 약 20.6cm로 알려져 있다.

일본은 부족한 쌀을 보충하기 위해 조선의 쌀을 이출하려는 목적으로 도로를 정비하였다. 1등급인 노폭 7m 전주－군산 구간, 2등급인 노폭 6m 대구－포항 구간 등 전국 24개 노선을 등급별로 나누어 자갈을 까는 개수작업을 실행하였다.

1913년 일본인 오리이 가이치(織居加一)가 자본금 20만 엔으로 오리이자동차회사를 세우고 진남포－광양만에서 미등록 영업을 개시하였다. 조선총독부는 진남포－광양만 노선을 포함하여 평양－진남포 등 전국 9개 노선에 대해 영업 허가를 내주어, 오리이는 20대의 포드 모델 T 승용차로 사업을 확대한다. 노선 특성상 철도역과 주요 도시 또는 사업장을 잇는 수송의 중간 역할을 수행하였다(김명진 외 2011).

1915년 미국인 제임스 모리스(James Henry Morris, 1871~1942)는 모리스상회를 열어 미국산 자동차 윌리스 오버랜드(Willys-Overland), 닷지(Dodge) 등의 모델을 수입하여 자동차판매업을 시작하였다. 운송 서비스 차량이 증가함에 따라 수입 차량 대수는 1911년 2대에서 1925년 1,200대, 1931년 4,331대, 1941년에는 약 1만여 대로 크게 늘어났다.

자동차를 가동하기 위한 석유는 1897년 이후 인천 월미도에 저장탱크를 건립한 미국 스탠더드오일(Standard Oil)을 시작으로, 1920년대에는 미국 텍사코(Texaco), 영국 쉘(Shell)사의 석유가 수입되었다. 1930년대 일본의 중국 대륙 침략이 본격화되어 미국 석유 수입이 어려워지자, 1935년 일본은 원산에 연산 30만 톤 규모의 '조선석유주식회사'를 설립하고 석유 정제 사업을 시작하였다.

자동차 운행 대수가 증가하고 사용 기간이 늘어남에 따라 정비와 부품에 대한 수요가 증가하였다. 조선 최초의 자동차 정비공장은 1915년 모리스상회로 자동차 판매와 함께 정비 및 부품 공급을 시작하면서 등장하였다. 이후 정무묵(1907~1984)·정형묵(1905~1985) 형제는 일본에서 정비기술을 습득한 후 조선인 최초로 '경성서비스'라는 정비공장을 설립하여 운영하였다.

1937년 중일전쟁이 발발한 후, 1938년 일본에 진출하여 조립공장을 운영하였던 미국 포드와 쉐보레(Chevrolet)는 미일 관계가 악화되자 철수하였다. 이듬해인 1939년에는 만주와 조선에서 군용트럭을 생산하기 위해 일본 도요타(Toyota), 닛산(Nissan), 이

1920년대 경성택시
자료: 자동차모빌리티산업관.

스즈(Isuzu) 자동차가 서울, 인천 등지에 군용차 조립 공장을 세워, 200대가량의 군용트럭이 생산되었다.

한편, 이러한 변화로 조선인들은 미제 차량 및 부품 공급이 끊기자 자체적으로 자동차 부품을 생산하여 보급하기 시작하였다. 조선인 김용주(1905~1985)는 일본인과 합작하여 인천 부평에서 '국산자동차회사'를 설립하고 스프링을 생산하였다. '조선자동차공업'에서도 엔진 슬리브(engine sleeve)•, 기어, 볼트, 너트를 제작하고 보급하였다(고문수 2021).

엔진 슬리브: 차량 엔진 블록 내부에 삽입되는 원통형 금속 부품으로, 엔진오일과 냉각수가 실린더 안으로 들어오는 것을 막는 역할을 한다.

정주영이 설립한 아도서비스
자료: 자동차모빌리티산업관.

현대자동차를 설립한 정주영은 식민지 시대에 쌀 판매업으로 자본을 축적하여 '아도서비스' 정비공장을 인수하였는데, 당시 경험을 바탕으로 훗날 현대자동차를 창업하였다. 기아자동차를 설립한 김철호(1905~1973)는 일본으로 건너가 일본 기계 상회에 취업하여 자동차 부품 및 자전거 부품을 생산하였다.

1945년 일본이 태평양전쟁에서 패망할 무렵, 당시 자동차 보유 대수는 총 7,326대로 버스 1,156대, 승용차 1,311대, 화물차 3,639대, 기타 1,220대로 자동차 부품 생산의 기반이 되기에 충분한 규모였다.

해방 후 자동차 재생 사업

1937년 중일전쟁 이후부터 태평양전쟁에 이르는 동안 자동차 수요 및 석유 수요 제한으로 식민지기 후반 차량 운행 대수는 감소하였다. 1945년 해방 이후에는 서울 왕십리에서 동양피스톤이 피스톤, 휘경동에서 경성스프링이 스프링, 용산에서 테일라이트, 대구에서 삼화가스켓트사가 가스켓, 대전에서 김제원(1913~1987)·김창원(1917~1996) 형제의 한국이연회사가 피스톤 링 등을 생산하며 명맥을 이어 갔다. 그리고 1945년 12월에는 서울 지역 자동차 부품 공업 대표들이 모여 '조선자동차공업조합'을 설립하였다(고문수 2021).

미군정 당국에서 군용차 관련 보수용 부품을 불하(拂下)• 하고, 폐차 부품이 유통되기 시작하면서 차량은 1945년 7,326대에서 1947년에는 1만 3,451대로 약 80% 이상 증가하였다. 불하된 차량은 주로 트럭과 지프가 주종을 이루었다. 차량 종류별로는 승용차 2,323대, 화물차 1만 147대, 버스 654대, 특

불하: 내주다라는 의미로 매각이나 양도를 뜻한다. 미군정에서 사용하던 물품을 일반인에게 매각할 때 사용되었던 용어이다.

수차 327대 등으로 구성되었다.

미군 불하 GMC 트럭 차대에 버스 형태의 차체를 제작하여 조립 생산하는 개조작업도 활발히 이루어졌다. 5~6명이 한 조를 이루어 군용 연료용 드럼 철판을 망치로 두드려 펴고 용접하는 과정을 통해 버스를 생산하였다. 버스 차대는 미군용 2.5톤 GMC 트럭 차대로, 9인승 승합차는 스리쿼터 3/4톤 차대로 만들어 냈다.

한국 국군은 미군으로부터 차량을 제공받아 사용하였으며, 미군 규정상 사용 연한과 운행 거리가 충족되면 정비 및 재생 후 재조립하는 공정을 거쳤다. 군 차량 재생창의 부품 재생 및 조립 기술이 민간에 전수되면서 엔진 보링 정비소가 증가하고, 차체 용접 재생 업체도 150개 업체로 늘어났다.

또한 미군정청은 '조선자동차배급주식회사'를 설립하고 부품을 수입하여 공급하였다. 1949년 자동차 수는 1만 6,431대로 증가하고 재생 정비 업체는 활황을 맞았다. 반면 부품 생산 업체들은 미군 불하 부품 공급으로 자체 생산 자동차 부품 판매에 어려움을 겪으며 경영난에 직면하였다.

1949년 대한민국의 인구는 2,016만 6,750명으

대한자동차공업협회
자료: 고문수(2021).

로 집계되었으며, 차량 1만 6,431대 기준으로 차량 1대당 9,205명을 수용해야 하는 상황이었다. 이에 따라 자동차 재생 수리업은 호황을 누렸고, 자동차 부품업도 활성화가 절실한 시점이었다.

그해 정비업계와 부품생산업계가 통합되면서 '조선자동차공업조합'은 '대한자동차공업협회'로 개편되어 새롭게 출범하였다. 협회는 첫 사업으로 대한민국 정부 부처에 부품 생산 업체의 생산품을 군용 차량 부품으로 납품할 수 있도록 건의하였다. 최초의 산업 정책으로서 상공부, 교통부, 육군본부는 우수 부품 생산 업체를 선정하여 군용 부품 납품을 허가하였다.

1950년 3월 29일 3개 부처 합동으로 국산 자동차 부품 13개 품목을 국산 장려품으로 지정 고시하였다. 주요 품목은 피스톤, 피스톤 링, 피스톤 핀 등이었고, 군납 업체로 동양피스톤, 경성스프링 등이 선정되었다.

그러나 같은 해 6.25전쟁이 발발하면서 한국 자동차의 대부분이 군용으로 징발되거나 파괴되었다. 그 결과 자동차 보유 대수가 1949년 1만 6,431대에서 1951년 8,655대로 7,776대가 사라져 약 47%가 감소하였다. 하지만 전쟁 수행을 위해 다시 군용차들이 한국으로 공급되었고 1953년 7월 6.25전쟁 휴전협정 이후에는 서서히 미군의 차량들이 민간에 불하되었다. 당시의 재생정비 업체는 약 200여 업체에 이를 정도였다.

1953년 국제연합한국부흥단(United Nations Korean Reconstruction Agency: UNKRA)•의 한국 경제 재건계획인 『네이산 보고서』(*Nathan Report*)에 의해 한국 자동차산업 부문에도 지원이 결정되었다. UNKRA의

국제연합한국부흥단(UNKRA): 1950년 12월, 유엔 총회에서 대한민국의 재건을 위해 설립된 유엔 기구이다.

대충자금: 제2차 세계대전 후 미국의 대외원조 공여 조건에 따라 한국 정부가 적립해야 하였던 원화 계정으로, 미국 정부의 동의가 있어야만 경제 재건에 사용이 가능하였다.

대충자금(對充資金, counterpart fund)• 가운데, 부산의 신진공업사가 20만 달러를 지원받고, 경기 부천의 국산 자동차 회사가 20만 달러를 지원받았다.

1955년 한국에서 처음으로 실린더 헤드, 엔진 블록을 직접 주물 제작 및 가공하고 미군 지프(Willys Jeep)차의 후륜 차축, 변속기의 재생 부품과 결합한 '시발자동차'가 등장하였다. 서울 '국제차량제작'의 최무성(1906~1993)은 일본에서 엔진기술을 습득한 기술자 김영삼(1919~1996)을 스카우트하여 엔진 제작에 돌입하였다(조수연·유경민 2017).

미군 폐차를 재생하는 작업에 익숙하였던 김영삼은 미군 군용 지프 엔진의 실린더 헤드 등을 직접 주조·열처리하여 주요 부품의 일부를 복제하는데 성공하였다. 드럼통을 펴 만든 차체에 복제 엔진을 얹고, 미군 지프의 동력전달장치를 그대로 장착하여 첫걸음이라는 뜻을 가진 '시발자동차'로 이름을 지었다. 시발자동차는 해외 차량의 단순 조립이나 재생이 아닌 엔진의 국산화를 시도한 데 그 의의가 있다.

최무성 사장은 회사명을 '시발자동차회사'로 바꾸고, 한국 최초로 주요 부품을 국산화한 엔진을 계

최무성 삼형제와 시발자동차
자료: 자동차모빌리티산업관.

속 생산하였다. 1955년 10월 3일 개천절에 경복궁에서 광복 10주년 기념 산업박람회가 개최되자, 시발자동차 1호차를 출품하여 최고상인 대통령상을 수상하였다.

1955년 1만 6,728대였던 차량 대수는 1956년 2만 5,328대로 급증하였다. 시발자동차 또한 정부의 지원에 힘입어 약 60여 명의 작업자가 하루 1대 정도 생산하였다. 시발자동차의 가격이 30만 환이었는데, 계약금으로 330대 분량의 1억 환 정도를 선금으로 투자받았다.

자동차 보유 대수가 급증하자 연료 소비량도 급격하게 늘어나 휘발유 파동이 일어났다. 1955년 3,360만 갤런(gallon) 분량인 약 600만 달러를 수입액으로 지불하였으나, 1956년에는 5,817만 갤런 분량인 약 780만 달러를 수입액으로 지불하게 되어 20% 이상 증가하였다.

이승만(1875~1965) 정부는 늘어나는 휘발유 소비를 감당할 수 없어 1957년 5월 8일 긴급조치를 통해 등록 차량 수를 제한하고, 추가적인 신차 등록을 폐차 대수 범위 내에서만 허용하기로 결정하여 고시하였다. 이에 시발자동차는 추가적 생산에 어려움을 겪고 경영이 악화되었다.

반면, 중고차 재생 사업은 호황을 누렸다. 대표적으로 1954년 하동환공업사를 차린 하동환(1930~2018)은 미군 트럭을 이용하여 버스를 조립하였는데, 유선형의 차체로 대중의 인기를 얻었다.

하동환자동차
자료: 자동차모빌리티산업관.

자동차산업 육성 정책

1957년 한국에서는 3억 8,300만 달러를 기점으로 점차 감소하기 시작한 원조로 인해 국민경제의 불안이 가중되었다. 미국은 그간의 무상원조 방침에서 차관 지원 형태의 정책 변화를 한국 정부에 고지함에 따라 대안 마련이 무엇보다 중요해졌다.

1961년 자립경제와 조국 근대화, 자주국방을 내세운 5.16 군사정변으로 집권한 박정희(1917~1979) 정부는 「혁명공약」 중 "① 반공을 국시의 제일의로 삼고 지금까지 형식적이고 구호에만 그쳤던 반공 태세를 재정비 강화한다"와 "④ 절망과 기아선상에서 허덕이는 민생고를 시급히 해결하고 국가자주경제 재건에 총력을 기울인다"를 중심으로, 미국의 지원과 함께 경제 개발 계획을 추진하였다.

박정희 정부는 1961년 9월 「공업표준화법」 제정으로 제품 품질 개선, 생산성 향상, 거래 질서 확립을 법제화하였다. 또한 노후 재생차량의 빈번한 교통사고가 사회적 문제가 됨에 따라, 상공부는 노후 차량을 대체하고 이를 제작하는 군소 재생차량공장을 정리하여, 100% 국산화된 신차 차량을 시장에 공급하기 위해 1962년 4월 「자동차공업 5개년 계획」을 수립하였다(김천욱 2022; 김주곤·고문수 1996).

「자동차공업 5개년 계획」은 대·중형차, 소형차, 디젤엔진 공장을 하나씩 지정, 육성하여 규모의 경제를 실현하고, 영세 재생차량공장 난립을 지양함으로써 유형별 차량의 국산화를 도모하고자 하였다. 그 결과 연간 3,000대 규모의 대·중형차 공장으로는 시발자동차, 소형차 공장으로는 새나라자동차, 디젤엔진 공장으로는 조선기계제작소가 지정되었다.

소형차 부문을 담당한 새나라자동차는 일본 닛산자동차 1,200cc 소형 승용차 '블루버드'(Blue Bird)

완성차 및 SKD(semi knock down)• 부품을 들여와 호이스트와 레일, 대차(skid)와 함께 공정별 작업대를 갖춘 조립라인에서 현대적 스타일의 승용차 생산을 시작하였다.

SKD: 해외에서 일부 조립한 자동차 부품을 수입하여 국내 공장에서 최종 조립하는 방식을 말한다. 이와 달리, 완전 분해한 자동차 CKD(complete knock down)는 부품을 수입해 최종 조립하는 방식을 말한다.

새나라자동차는 1962년 1월, 독립운동가 박열(1902~1974)이 주도하여 세운 재일본대한민국거류민단 소속의 재일교포 사업가인 박노정(?~1987)이 자본금 1억 원과 한일은행 등의 지원을 받은 내자 3억 4,080만 원, 외자 510만 달러를 투자하여 인천 부평에 설립한 기업이다. 이후 1962년 8월 인천 부평공장 준공한 뒤 총 2,773대의 소형 승용차 새나라호를 생산하였다.

새나라호는 1대 수입 가격이 13만 원, 판매 가격이 25만 원으로 대당 12만 원의 이익을 취하였다. 그러나 1963년 7월 일본에서 부품을 수입할 때 소요되는 외환 사정이 악화되어 조업을 중단하였다.

새나라자동차는 투박한 재생차량과 전혀 다른 근대적 설비 프레스로 찍어 낸 유려한 유선형 바디와 정밀 부품 성능을 지닌 신차를 생산하였다. 그러나 생산은 이어지지 못하고 실패로 끝을 맺게 되었다.

새나라자동차(1962)
자료: 자동차모빌리티산업관.

한편, 1962년 10월 대·중형 조립공장으로 선정된 시발자동차는 기존 자동차 부품공장의 부품을 공급받고, 엔진은 조선기계제작소에서 생산하는 디젤엔진을 사용하며, 생산이 어려운 부품은 차관공여국에서 CKD로 도입하기로 하였다. 그러나 시발자동차는 자기자본 부족과 외자 도입 무산으로 결국 폐업에 이르렀다.

조선기계제작소는 1937년 설립 이후, 선박용 엔진 생산 경험을 바탕으로 외자 185만 달러와 내자 1억 2,500만 원의 융자로 1962년 4월에 시설 확충에 착수하였다. 조선기계제작소는 1963년 한국기계공업주식회사로 개명하였으나 경영 부실로 인해 1968

년 9월 신진자동차에 인수되었고, 1975년에는 서독과 정부의 차관으로 연간 2만 4,000대 생산 규모의 디젤엔진 공장을 추가 준공하였다.

1962년 5월에는 「자동차공업보호법」[•]을 제정하고 자동차 조립 업체 허가 규정으로 차량 안전성 제고를 위한 업체 정비를 진행하였다. 상공부는 실태조사 결과를 토대로 도별 1개 공장씩 총 7개사를 승인하였다.

법안에서는 완성차 수입을 금지하고, KD 조립

자동차공업보호법: 새나라자동차에 완성차 수입과 부품 수입에 특혜를 제공하는 예외 조항을 두었다. 제7조 관세의 면제, 제8조 자동차세 등의 감면 특혜 조항은 자동차의 제조 및 조립에 필요한 시설재 및 부분품은 국내에서 생산될 때까지 각 영이 정하는 바에 의하여 관세를 면제할 수 있다는 내용이었다.

조선기계제작소 디젤엔진 버스 시찰(1963)

자료: 국가기록원.

생산 초기 완성차 및 부품에 대해 관세 면세 조치와 자동차세 감면 등 혜택 권한을 상공부 장관에게 부여하는 예외 조항을 두었다. 「자동차공업보호법」은 공장의 시설 기준과 자동차 품질 기준 규제로 수공업 재생차량 업체의 수를 제한하려 하였다.

1964년 8월 상공부는 「자동차공업 종합육성계획」으로 1개사 완성차 업체를 중심으로 부품사들을 연계하는 '계열화 방안'을 추진하였다. 이 계열화 방안에서 모기업으로 지정된 회사는 '신진공업'이었다. 한국자동차공업협동조합 소속 부품기업 75개사를 계열화해 금융 지원으로 시설을 보강하고, 부품을 국산화해 국내 자동차 수요를 1개 조립라인으로 충당한다는 내용이었다(오원철 2002).

미국 국제개발처(USAID): 1961년 여러 원조기관을 통합하여 발족한 미국의 해외 원조기관이다.

한국자동차공업협동조합의 75개사는 AID(미국 국제개발처, United States Agency for International Development: USAID)•, UNKRA로부터 원조를 받아 360만 달러 수준의 시설 투자를 마친 상태였다. 1963년 한국의 자동차 보유 대수는 3만여 대로, 노후 차량 대체 수요 등을 포함해 연간 7,000대 내외의 신차 수요가 예상되었다.

독점 완성차 업체로 지정된 신진공업은 1965년

11월 새나라자동차를 인수한 후, 1966년 1월에는 일본 도요타자동차와 차관 도입 및 기술제휴를 맺고 KD 조립 생산을 시작하였다. 신진공업은 사명을 신진자동차로 바꾸고, 일본 도요타자동차의 코로나(Corona) 모델 부품을 들여와 1966년 3,117대를 생산하였다. 코로나의 자체 부품 국산화율은 32%였으며, 상공부 추산치는 21%였다. 국산화율 추정 시 신진자동차는 국산 부품이 일부 들어간 모듈 부품을 국산화율 100%로 계산하여 상공부와 차이가 발생하였다. 신진자동차는 독점적 지위를 누리며 일본 도요타자동차의 KD 조립 생산을 확대하였지만, 자동차 부품 국산화에는 소홀하였다. 신진자동차의 부품 국산화에 대한 소극적 태도는 한국 자동차 부품 업체들의 항의로 이어졌다. 이로 인해 상공부는 1967년 4월 새로운 「자동차 제조공장 허가 기준」이라는 부대 조건을 통해 제3의 자동차 생산 업체가 진입할 여지를 두었다.

「자동차 제조공장 허가 기준」은 독점 완성차 업체를 지원하는 대신 시설기기 최소 700만 달러 이상의 외자 도입, 외국 업체와 기술제휴, 공장부지 30만 평, 조립, 도장, 보디, 프레임 설비가 각 100만

신진자동차 코로나(왼쪽)와 공장 전경(오른쪽)(1966)
자료: 자동차모빌리티산업관.

달러 이상 기준을 충족하면 진입 허가를 내주는 조건이었다. 이로써 이미 승용차 제조 허가를 갖고 있던 신진자동차 외에 아시아자동차와 현대자동차가 신규 진입하였다. 당시 이 두 업체의 부품 국산화율 또한 20% 내외였다.

아시아자동차는 1964년 군용차량 생산공장 사업계획 실패 이후, 전남 광주에 민수용 자동차공장을 짓겠다는 사업계획서를 제출하고, 상공부가 지역 차별을 하고 있다는 진정서를 각계에 돌려 정치적 관심을 끌었다. 그러나 자본 부족과 경영부실로 1969년 부실기업 정리 대상이 되었다.

현대자동차는 1967년 12월 29일 설립되었으며,

1968년 2월에 영국 포드와 기술 및 조립 계약을 체결하고 같은 해 6월 정부의 인가를 받았다. 창업주인 정주영은 1946년 자동차 정비공장 '현대자동차공업사'를 세웠고, 1947년에는 건설회사인 '현대토건사'를 설립하였다. 이후 1950년 1월 두 회사를 합병하여 현대건설을 출범시켰다. 미군정의 신임하에 현대건설은 건설 시공의 기계화와 함께 확장을 거듭하였고, 경부·경인 고속도로 건설에 참여하여 돌관공사(突貫工事)•로 정부와 신뢰 관계를 구축하였다(현대자동차 1988).

돌관공사: 주어진 공사 기간 내 또는 기간을 줄이기 위해 건설장비와 인력을 평소보다 대량 투입하여 수행하는 공사를 의미한다.

정주영은 해외 다국적기업과의 조립 생산 기술제휴를 검토하였다. 이에 따라 1967년 포드와의 기술제휴 및 일부 지분 참여로 12월 21일 자동차 제조

현대자동차 포드 20M(1969)
자료: 자동차모빌리티산업관.

공장 건설 신청서와 함께 사업계획서가 정부에 제출되었다.

이로써 총자본금 1억 원의 현대자동차가 설립되고, 울산 부지에 연 3,500대 규모의 공장 건설을 시작하였다. 1968년 3월 공장 건설을 시작하여 7개월 만인 10월에 공장 본건물을 준공하였다. 공장 건설 총투자비는 설비 포함 1억 6,700여만 원에 달하였다.

현대자동차는 영국 포드의 1,600cc급 승용차 코티나(Cortina), 서독 포드의 2,000cc급 타우누스 포드 20M(Taunus Ford 20M), 버스는 R-192, 트럭은 D-750 등의 시리즈를 선택하고 기술자들을 호주 포드로 연수를 보냈다.

또한 현대자동차는 부품 생산 업체의 계열화를 위해 포드 기술자를 통해 부품 업체 적격 심사 후 40~50개의 부품 생산 업체를 선정하였다. 부품 업체들에게 개발 부품 도면을 주고 기술 지도를 하면서 시제품을 제작시켰다. 호주 포드의 평가시험을 통과한 주요 부품은 생산에 들어갔다.

한편 기아산업은 자동차 3사 이외의 업체로, 1962년 1월 한국 최초 세 바퀴 트럭인 K-360을 생산하였다. 이후 1966년 10월 일본 마쓰다(Mazda)와 기술제휴하여 엔진 배기량 1,985cc, 최대 적재량 2톤 기아마스타 T-2000 생산 승인을 받고, CKD 조립 생산을 시작하였다. 초기 국산화율은 32%였다.

1970년부터 기아산업은 4륜승용차 및 트럭 생산을 준비하며, 경기도 소하리에 엔진 주물, 기계가공, 금형, 프레스, 차체, 차축, 도장, 조립, 품질 관리의 일관 조립 생산 공장을 구축하였다. 기아산업은 엔진 국산화 개발을 위해 1965년 엔지니어 김선홍(1932~)을 일본 혼다(Honda)자동차에 파견하였다(기아자동차 1994).

1967년 3월 상공부는 「기계공업진흥법」을 제정하여 기존 자동차산업이 수출금융을 받을 수 없었던 상황을 개선하고, 기계공업 육성을 위한 자금을 지원하기 시작하였다. 부품 국산화를 위한 시설 투자자금 지원은 이러한 정책적 지원의 일환이었다. 1971년부터 1974년까지 기계공업 자금을 통해 부품기업들은 90억 원의 장기 차입금 융자와 49억 원의 해외 장기 차관을 지원받았다.

또한 1969년 상공부는 부품 국산화율 개선을 위한 「자동차공업 육성기본계획」을 발표하였다(류석진

자동차공업 육성기본계획

1969년 상공부가 자동차 부품 국산화율을 높이기 위해 추진한 계획으로 주요 내용은 다음과 같다.

① 1969년 38% 수준에 머물렀던 승용차 국산화율을 1972년 100%로 끌어올린다.
② 조립공장과 부품공장을 완전히 분리해 육성한다.
③ 부품공장은 1개 품목당 1개 공장만 건설해서 전문화 공장으로 육성한다.
④ 조립공장은 엔진 가공 공장과 차체 공장을 꼭 갖추어야 한다.

1964년의 자동차공업 종합육성계획이 완성차 일원화 목표였다면, 자동차공업 육성기본계획은 자동차 부품 업체를 품목별로 일원화한 내용으로 볼 수 있다.

1994). 규모의 경제 실현을 위한 자동차부품공업 일원화로 대량 생산시설을 갖추어 품질 및 생산성을 향상하고, 수출을 위한 국제 경쟁력을 갖추려는 방안이었다. 완성차 업체는 엔진 가공 공장과 차체 공장을 짓고, 나머지 부품은 부품 업체들이 전문적으로 생산하도록 지원하였다.

1970년대 초반까지 한국은 자동차 강판을 생산할 일관제철소도 없었다. 이러한 여건 속에서도 국내 부품기업들은 국산화 노력을 이어갔고, 다국적기업과 합작한 완성차 업체의 잦은 모델 변경에도 불구하고 산업 정책이 10년이 되지 않은 시점에

38% 수준의 국산화율을 달성하였다.

1960년대 자동차산업의 특징은 신진자동차와 현대자동차 등과 같이 한국 자본이 경영권을 확보한 상태에서 초기 다국적기업의 기술제휴 및 차관계약으로 진행되었다는 점으로 요약된다. 또한 정부는 부품기업 육성을 통해 승용차의 완전 국산화를 추진하였다. 제2차 세계대전 이전부터 해외 선진 업체의 직접 투자를 유치하여 자동차를 생산해온 브라질과 멕시코 등은 현재까지 승용차 부문에서 다국적기업의 생산이 주를 이루고 있어 독자 브랜드의 글로벌 경쟁력은 미미하다.

2

승용차 고유 모델과 자동차 수출산업화 (1970년대)

승용차 고유 모델 개발

소형차 포니의 성공

자동차산업의 정착

승용차 고유 모델• 개발

고유 모델과 독자 모델: 고유 모델은 해외 기술의 일부 도움을 받아 개발하여 수출 가능한 차량으로 1975년 포니가 이에 해당하고, 독자 모델은 플랫폼과 엔진 등 주요 부품을 자체적으로 개발한 모델로 1994년 현대차 엑센트가 독자 모델로 분류된다(현영석 2013).

승용차 생산업계 1위였던 신진자동차는 1970년 3월 일본 도요타자동차와 합작하여 엔진공장 건설 계획서를 상공부에 제출하였다. 도요타자동차는 1966년부터 신진자동차에 승용차 코로나 모델의 KD 부품 수출을 시작하여, 버스, 트럭까지 수출 품목을 늘렸다. 1969년에는 한국에 1만 8,000대 분량의 KD 부품을 수출하여 독점적 시장점유율을 확보하고 있었다.

그런데 1970년 4월 중국의 저우언라이(周恩來, 1898~1976) 총리는 베이징에 방문 중인 일본 대표단에게 '주사원칙'이라 불리는「무역 통상 4개 원칙」을 제시하며 한국과의 교역을 중지하라는 압력을 가하였다(박원장·이권형 2005).

이로 인해 1971년 도요타자동차가 철수하면서 신진자동차는 더 이상 자동차를 생산할 수 없게 되었다. 이러한 상황에서 신진자동차는 한국의 새로운 시장과 저임금 노동력을 활용하여 아시아 권역 진출을 검토하던 미국 GM과 교섭하였다. 그 결과 1972년 3월 신진자동차는 GM과 50 대 50의 지분으

주사원칙(周四原則)

1970년 중국 총리 저우언라이가 내세운 무역통상 네 가지 원칙을 축약한 것이다.

① 한국과 대만을 돕는 자나 상사와는 교역하지 않는다.
② 한국과 대만에 투자한 자나 상사와는 교역하지 않는다.
③ 월남, 라오스, 캄보디아에서의 미국 전쟁을 돕거나 무기를 팔고 있는 자와는 교역하지 않는다.
④ 미국 회사의 자회사와는 교역하지 않는다.

거대한 중국 시장 진출을 기대한 일본 도요타자동차는 중국 정부의 요구를 받아들여, 신진자동차와의 엔진공장 설립계획을 포기하였다. 중국 시장에 진출하기 위해 도요타자동차가 내린 냉정한 선택이었다.

로 합작법인 GMKorea를 설립하였다.

한편, 현대자동차는 미국 포드와 합작 협상을 진행하였으나, 경영의 주도권과 포드의 전 세계 판매 네트워크를 활용한 수출 문제로 1973년 1월 협상이 무산되었다.

1969년 정부는 1972년부터 추진될 제3차 경제개발계획을 위해 한국과학기술연구원(Korea Institute of Science and Technology: KIST)• 에 의뢰하여, 연구보고서 『한국 기계공업 육성 방향』을 제출받았다. 보고서는 부가가치가 높은 중공업 분야 수출 유망 품

한국과학기술연구원: 1965년 박정희 대통령의 미국 방문 시 미 존슨 대통령과의 합의로, 1966년 서울 홍릉에 설립된 종합연구기관이다. 민간기업에 대한 산업기술 지원, 해외 선진기술 도입 및 응용 연구로 철강, 자동차, 조선, 전자, 반도체, 통신 등 주요 산업이 주력 수출산업으로 성장하도록 견인하는 역할을 수행하였다.

독일 뮌헨 방문 시의 박정희 대통령(1964)
자료: 김재관 박사 기념관.

목을 집중 육성할 것을 제안하였는데, 기계 소재, 중기계, 조선 분야 중점 지원과 함께 중공업단지 조성을 건의하였다.

정부는 이를 '4대 핵공장' 사업으로 명명하고 1970년부터 추진하였다. 이 보고서 작성에는 포항제철 설계도를 작성한 김재관(1932~2017) 박사가 참여하였다. 김재관 박사는 1950년대 이승만 정부의 인재 해외 유학 정책에 의해 국비유학생으로 선발

4대 핵공장(四大 核工場) 사업

1970년 추진된 종합 중기계 공장, 특수강 공장, 주물선 공장, 대형 조선소 건설 사업을 말한다. 닉슨독트린에 따른 주한미군 철수 움직임에 대응하여 북한을 저지할 수 있는 자주적인 방위산업 육성을 위해 추진된 사업이다. 철강과 중기계를 통해 탱크 차체와 포탑을 만들고, 특수강으로 대포 포신을 제작하며, 조선소 군함을 건조할 수 있도록 하였다. 주물선은 강원산업, 특수강은 대한중기, 중기계는 한국기계, 조선에는 현대건설이 선정되었다. 이후 풍산금속이 추가되었다. 경제성을 위해 민수와 군수산업을 병행하도록 계획되었다.

되어, 서독에서 최신 공학을 공부한 인재였다. 1964년 박정희 대통령이 차관 협상을 위해 독일을 방문하였을 때, 뮌헨공대에서 박사 학위를 받은 김재관은 독일의 최신 철강 제조기술을 반영한 『한국의 철강공업 육성 방안』 보고서를 대통령에게 전달하였다(홍하상 2022).

1966년 한국과학기술연구원의 해외 유치 과학자로 선발되어 귀국한 김재관 박사는 1969년 포항제철 건설계획 작성 시 기존 연 60만 톤 철강 생산목표를 최소 국제 경쟁력 수준인 연 103만 톤으로 증가시키고, 전후방산업 연관효과가 크고 고용 파급효과도 큰 자동차산업과 조선산업의 수요를 포함시켰다.

당시 상공부가 추진하였던 자동차 국산화 계획은 다국적기업 차량의 부품을 단순 조립하면서, 조립이 쉬운 부품부터 점차적으로 국산화해 가는 상향식인데, 다국적기업의 모델 독점과 전횡에 의해 쉽게 국산화율을 높일 수 없었고, 수입 차종도 연료 소모가 과다한 중형차급 위주였다.

공업화 발전에 성공한 대만, 캐나다, 멕시코, 브라질, 스페인 등 개발도상국들은 상향식 국산화 방식을 벗어나지 못해 자체 브랜드의 승용차 모델 개발은 더 이상 어렵게 되었다. 1970년대 초 미군의 베트남 철수가 논의되고, 주한미군 철수가 예상되는 시점에서 방위산업의 발전을 선도할 수 있는 자동차산업의 발전이 시급하게 요구되었다.

김재관 박사는 다국적기업의 시혜에 의존하지 않고, 혁신적 고유 모델의 소형 승용차 모델 개발과 중점적 육성을 정부가 공익 사업으로 주도해 나갈 것을 골자로 한 『표준형 차체 개발사업 계획서』• 를 『중공업발전의 기반』 연구보고서와 함께 김학렬(1923~1972) 부총리에게 제출하였다(김재관 1996).

당시 1인당 국민소득이 300달러, 연간 자동차 조립 생산 대수가 3만 대 정도인 상황에서 수출 가

표준형 차체 개발사업 계획서: 1970년 1월 22일 KIST 김재관 박사가 제출한 보고서로, 고유의 표준형 자동차 차체 개발로 외제 차종의 소규모 조립을 탈피해야 하고, 승용차 국산화를 이루기 위해서는 장기간 연구와 선진 각국의 최신 기술을 도입할 것을 주장하였다.

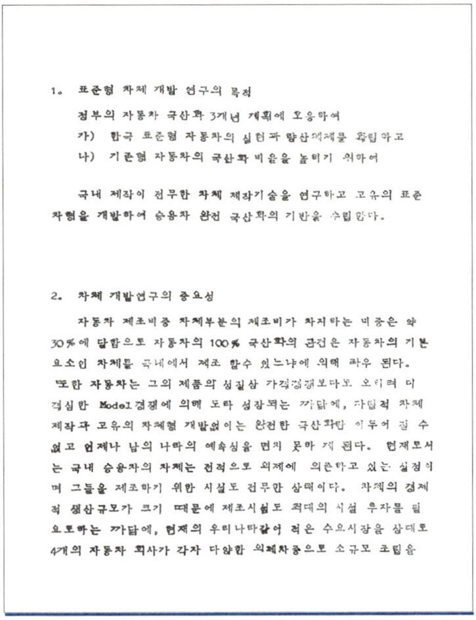

1. 표준형 차체 개발 연구의 목적

정부의 자동차 국산화 3개년 계획에 호응하여

가) 한국 표준형 자동차의 실현과 량산체제를 확립하고

나) 기존형 자동차의 국산화 비율을 높히기 위하여

국내 제작이 전무한 차체 제작기술을 연구하고 고유의 표준 차형을 개발하여 승용차 완전 국산화의 기반을 수립한다.

2. 차체 개발연구의 중요성

자동차 제조비중 차체부분의 제조비가 차지하는 비중은 약 30%에 달함으로 자동차의 100% 국산화의 관건은 자동차의 기본 요소인 차체를 국내에서 제조 할수 있느냐에 의해 좌우 된다. 또한 자동차는 그의 제품의 성질상 가격경쟁보다도 오히려 더 격심한 Model경쟁에 의해 도타 성장되는 까닭에, 자립적 차체 제작과 고유의 차체형 개발없이는 완전한 국산화란 이루어 질 수 없고 언제나 남의 나라의 예속성을 면치 못하게 된다. 현재로서는 국내 승용차의 차체는 전적으로 외제에 의존하고 있는 실정이며 그들을 제조하기 위한 시설도 전무한 상태이다. 차체의 경제적 생산규모가 크기 때문에 제조시설도 최대의 시설 투자를 필요로하는 까닭에, 현재의 우리나라같이 적은 수요시장을 상대로 4개의 자동차 회사가 각자 다양한 외제차종으로 소규모 조립을

표준형 차체 개발 계획서의 연구 목적(1970)
자료: 김재관 박사 기념관.

능한 소형 승용차 고유 모델 개발은 정부의 강력한 정책 지원 없이는 추진되기 어려웠다. 1971년 8월 「닉슨독트린」에 따라 주한미군 철수 계획이 발표되고, 한국 정부는 자주국방을 위해 군수품의 자체 생산을 위한 기계공업 기반의 중화학공업 정책을 제3차 경제개발계획에 포함시켰다.

1973년 1월 박정희 대통령은 이를 「중화학공업화선언」• 으로 발표하고, 김재관 박사를 상공부 초대 중공업 차관보로 임명하여 「장기자동차공업진흥계획」을 수립하고 추진하는 실무 책임을 맡겼다.

중화학공업화선언: 1973년 1월 12일 대통령 연두기자회견에서 박정희 대통령은 「중화학공업화선언」을 하였다. 1981년 수출 100억 달러, 1인당 국민소득 1,000달러 달성을 위해 철강, 조선, 석유화학 등 중화학공업을 본격적으로 추진한다는 내용으로, 1977년 수출 100억 달러를 달성하였다.

자동차공업 계획과 관련하여, 상향식 국산화 계획을 추진하였던 청와대 오원철(1928~2019) 경제2수석을 위시한 관료들과 의견 대립이 있었으나, 김재관 중공업 차관보는 철강, 자동차, 조선 공업을 담당하고, 1973년 6월 톱다운(Top-Down) 방식•의 수출 시장 개척이 용이한 소형차 고유 모델 양산을 주

요 내용으로 하는 「자동차공업 장기진흥계획(안)」을 작성하여 보고하였다(상공부 1973. 6).

1973년 7월 상공부는 「자동차 4사에 대한 한국형 소형차 양산을 위한 사업계획서 제출 지시 공문」을 발송하고, 8월까지 각 사의 사업계획서 제출을 요청하였다.

「장기자동차공업진흥계획」의 서문에서 한국의 자동차공업의 문제점을 "외제차 조립－필연적으로 외국보다 고가－수요 한정－소량 생산 불가피－시설 투자 곤란－만성적 외제차 도입－완전 국산화

톱다운 방식: 톱다운은 전체적인 큰 전략(Top)에서 시작해 아래(Down)로 세부 사항을 결정하는 하향식 방식으로, 1970년대 한국형 소형 승용차 양산과 수출이라는 정부의 전략 아래 완성차 고유 모델 개발을 추구한 정책의 특징이다. 반대로 보텀업(Bottom-up)은 작은 부품(Bottom)부터 시작해 완성차를 국산화(up)하는 상향식 방식으로, 1960년대 부품의 국산화율을 높여 가는 정책의 특징을 나타낸다.

장기자동차공업진흥계획

1973년 김재관 중공업차관보의 주도로 한국형 승용차 양산을 위해 작성된 보고서로 주요 내용은 다음과 같다.

① 유류 절약형 고유 소형차의 국산화로 자동차 수급 원활화를 도모한다.
② 독자 모델로 수출 시장을 개척하고 부품 표준화와 양산 체제 확립으로 품질 향상을 촉진한다.
③ 1,500cc 이하 엔진의 장기간 모델 변경 없는 경제적 차량을 생산한다.
④ 1975년 연산 5만 대 규모 국산화 95% 이상, 대당 2,000달러 생산 가격을 유지한다.

주요 내용은 1,500cc 이상 승용차 위주 '외국 모델 기반의 부품 국산화 정책'에서 '톱다운 고유 모델 소형 승용차 확보 및 수출 양산화 정책'으로의 방향 전환이었다.

불가능"의 악순환으로 정리하고, 한국형 승용차 양산화 시책에 대한 완성차 업체의 협조를 구하였다.

정부로부터 공문을 받은 자동차 4사는 각각 사업계획서를 작성하여 상공부에 제출하였다. 현대자동차는 1973년 초 미국 포드와의 합작이 철회된 상태에서 독자 투자를 모색하던 시기였으므로 정부 시책에 적극 호응하여 내외자 약 6,000만 달러의 투자를 포함한 사업계획서를 제출하였다.

기아자동차는 1971년 상공부의 4륜차 생산 허가로 트럭을 생산하고, 1973년 6월 경기도 시흥 소하리에 연간 2만 5,000대 생산 규모의 종합자동차 일관공장을 완공하였다. 일본 마쓰다의 가솔린엔진과 승용차 기술을 국산화하는 방안으로 내외자 약 6,000만 달러의 사업계획서를 제출하였다.

GMKorea는 1972년 3월 이후, 인천에 연간 5만 대 규모 엔진공장과 조립공장을 착공하였고, 1973년 8월 독일 OPEL사의 신규 차종 생산을 위한 약 6,000만 달러 투자의 사업계획서를 제출하였다(GMKorea 1973). 그러나 GMKorea는 1974년 이후 1,500cc 이상의 중형차 생산으로 변경하여, 정부의 고유 모델 소형차 방침에는 소극적이고 회의적인 입장을 취하였다.

1973년 9월 박정희 대통령 명의의 「자동차공업 육성에 대한 대통령 지시」가 하달되었다. 자동차공업이 중화학공업화의 선도적 역할을 수행하여 1980년대 고도성장의 주역을 담당해야 한다고 강조하였다.

특히, 1975년까지 완전 국산화를 목표로 차종과 차형의 단순화와 유류 소비 절약, 외국과의 합작을 통한 우수 부품 생산으로 수출 촉진, 창원기계공업기지 입주를 지시하였다. 상공부는 GMKorea, 현대자동차, 기아자동차 3사를 국산 승용차 생산공장으로 지정하였다(KDI 1980).

1973년 10월 이집트가 이스라엘을 공격하여 제4차 중동전쟁이 발발하였다. 서방의 이스라엘 지원에 따라, OPEC 산하 중동 산유국들은 석유 가격을 최대 128%까지 인상하여 제1차 석유파동이 시작되었다. 유류 부족과 자동차 수요 격감에 따른 생산 감축은 새로운 모델 개발과 양산을 위한 막대한 투자를 어렵게 하였다.

GMKorea는 계열사 OPEL의 KD 부품 조립 생산으로 선회하였고, 기아자동차는 고유 모델 개발을 포기하고 일본 마쓰다의 1,000cc 소형 승용차 브리사(Brisa)의 기술과 부품을 도입하여 생산하는 데 집중하였다.

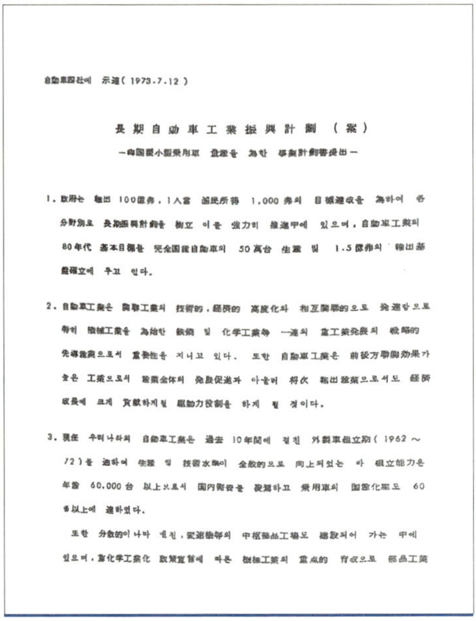

自動車四社에 示達(1973.7.12)

長期自動車工業振興計劃 (案)

—韓国型小型乘用車 生産을 為한 事業計劃書提出—

1. 政府는 輸出 100億弗, 1人當 國民所得 1,000弗의 目標達成을 為하여 各分野別로 長期振興計劃을 樹立 이를 強力히 推進中에 있으며, 自動車工業의 80年代 基本目標를 完全国産自動車의 50萬台 生産 및 1.5億弗의 輸出基盤確立에 두고 있다.

2. 自動車工業은 関聯工業의 技術的, 經濟的 高度化와 相互関聯的으로 発達함으로 特히 機械工業을 為始한 鉄鋼 및 化学工業等 一連의 重工業発展의 戦略的 先導産業으로서 重要性을 지니고 있다. 또한 自動車工業은 前後方聯関効果가 높은 工業으로서 産業全体의 発展促進과 아울러 将次 輸出産業으로서도 経済成長에 크게 貢献하게 될 原動力役割을 하게 될 것이다.

3. 現在 우리나라의 自動車工業은 過去 10年間에 걸친 外製車組立期(1962~72)를 通하여 生産 및 技術水準이 全般的으로 向上되었는 바 組立能力은 年間 60,000台 以上으로서 国内需要를 充足하고 乘用車의 国産化率도 60%以上에 達하였다.

또한 分散的이나마 엔진, 変速機等의 中枢部品工場도 建設되어 가는 中에 있으며, 重化学工業化 政策宣言에 따른 機械工業의 重点的 育成으로 部品工業

장기자동차공업진흥계획(안)(1973)

자료: 김재관 박사 기념관.

정부의 「장기자동차공업진흥계획」•에 적극적으로 호응한 기업은 정주영·정세영(1928~2005) 체제의 현대자동차가 유일하였다. 고유 모델 소형 승용차 개발과 종합자동차공장 건설을 위해 1억 달러의 과감한 투자를 집행하여, 1976년 초 고유 모델 포니(Pony)를 양산하고, 수출을 시작하여 1978년 10만 대 생산을 돌파하였다. 포니는 정부의 산업 정책과 기업 협력 모델의 전형이 되었다(곽기호 2019).

장기자동차공업진흥계획: 1973년 7월 상공부가 자동차 4사에 보낸 장기자동차공업진흥계획(안)에는 1980년대에 완전 국산화된 한국형 소형 승용차 50만 대 양산 및 수출 1억 5,000만 달러가 기본목표로 제시되었다. 이에 응하여, 1973년 8월 자동차 4사가 제출한 사업계획서에는 4사 총합 7만 6,000대 승용차 수출이 기재되었다.

소형차 포니의 성공

현대자동차는 KD 부품을 단순 조립하는 수준을 벗어나기 위해 엔진 주물공장 건립을 계획하고,

1969년부터 기술제휴선인 포드자동차와 합작 협상을 벌였다. 그러나 현대자동차와 포드의 합작은 협의 결렬로 무산되고, 1973년 3월 정부의 합작 인가도 취소되었다. 현대자동차는 포드와의 합작에 매달릴 필요가 없는 독자적 자동차 생산의 길을 걷게 되었다.

1973년 1월에 발표된 박정희 대통령의 중화학공업정책 선언에는 1980년대에 50만 대의 자동차를 생산하려는 구상이 포함되어 있었다. 이에 현대자동차는 독자적 양산 체제 구축을 모색하였다(현대자동차 1988). 현대자동차의 정주영·정세영 형제는 독자적 자동차 생산 가능성 타진을 위해 고유 모델 소형차 생산을 주창하였던 김재관 중공업 차관보를 만나 정부의 추진 의지를 확인하였다(정세영 2000).

1973년 8월 현대자동차는 「한국형 자동차 생산을 위한 종합공장 건설 사업계획서」를 정부에 제출하였다. 고유 모델 소형차 생산을 위한 종합자동차 공장 건설을 위해 금형공장, 엔진공장, 조립공장 등을 신설 또는 증설하기로 하였다.

제1단계에 내외자 약 1억 달러가 소요되는 대규모 투자안이었다. 승용차 생산량은 1977년 연간 5

만 대, 1981년에 연간 22만여 대를 목표로 하였다.

현대자동차는 한국형 소형 승용차를 제작하면서, 연비가 높고 유지비가 적게 들어 경제적이고 승용 및 화물용으로의 전환이 용이하도록 하였다. 소형 군용차 제조 시에도 공용 부품을 사용할 수 있도록 하고, 방산 다목적 차량을 개발하여 정부의 방위산업 육성계획에도 부합하고자 하였다.

자동차 디자인은 당시 폭스바겐(Volkswagen)의 골프(Golf)를 설계한 이탈리아 이탈디자인(Italdesign)에 의뢰하고, 엔진은 일본 미쓰비시(Misubishi)자동차와 기술제휴 협약을 맺어 이미 개발된 랜서 가솔린엔진 및 변속기 모델을 도입하여 국내에서 생산 및 수출이 가능하도록 협의하였다.

디젤엔진은 영국의 퍼킨스(Perkins) 엔진을 들여오기로 하는 조건으로 영국 바클레이즈(Barclays)은행으로부터 3,800만 달러의 차관 도입을 하되, 한국기계의 디젤엔진 생산에 지장을 주지 않도록 자체수요 외 전량 수출할 것과 1977년 이후 생산하라는 정부의 허가 방침을 따랐다(현대자동차 1988).

1974년 말 영국과 프랑스, 일본의 은행들로부터 제공받기로 한 차관 액수는 6,000만 달러가 넘는 규모였다. 1974년 현대자동차의 자기자본금이 약 72억 원인 데 비하면, 당시 환율로 500여억 원에 달하는 1억 달러의 투자는 현대그룹과 정부의 사활을 건 결단이었다.

1973년 9월부터 착수된 이탈디자인의 고유 모델 차체 및 디자인 설계는 4도어 세단, 1,200~1,400cc, 5인승 기본 사양에 맞추어 진행되었다. 독일 폭스바겐의 파사트(Passat)와 골프, 이탈리아의 알파 로메오(Alfa Romeo) 설계로 승용차 디자인 분야에서 명망을 지녔던 조르제토 주지아로(Giorgetto Giugiaro, 1938~) 팀이 설계를 주도하였다. 국내에서는 5명의 설계 엔지니어가 현지에 파견되어 자동차 설계기술을 습득하기 위해 노력하였다.

1974년 10월 디자인 설계에 들어간 지 13개월 만에 해치백(Hatchback) 스타일•의 포니 승용차와 포니 쿠페(Coupe) 2종의 시제 차량이 완성되었다. 포니 승용차는 전 세계 16개국 65개 회사의 245대 신차들과 함께 제55회 토리노 국제 자동차 박람회에 출품되었다. 한국은 포니 개발을 통해 세계에서 16번째로 승용차 고유 모델을 지닌 나라가 되었다.

포니와 포니 쿠페는 앞서가는 디자인과 연료 소

해치백 쿠페 스타일: 해치백은 자동차의 트렁크 문이 뒷유리와 함께 열리는 형태로, 뒷좌석과 적재 공간이 하나로 연결된 실용적인 디자인이 특징이다. 반면 쿠페는 '자르다'라는 프랑스어에서 유래하여, 낮고 유려한 루프 라인을 가지며 적재 공간이 적은 대신 스포티한 스타일을 강조한다.

모가 적은 경제성으로 인해 각국 언론과 관람객들의 호평을 받았다. 서구의 유명 언론인 이탈리아의 *LA STAMPA*, 영국의 *THE TIMES*, 미국의 *MOTOR REVIEW* 등이 "한국이 자동차 공업국의 대열에 들어서다", "한국의 현대 포니"라는 제목으로 포니의 등장을 크게 보도하였다.

토리노 박람회에서의 호평과 유럽 및 아프리카 14개국 수출 상담 협의는 포니 승용차의 수출 가능성을 확인시켜 주었다. 이러한 성과는 포드와의 합작 결렬 이후 고유 모델 개발과 독자적 종합자동차 공장 투자에 대해 회의적인 입장을 보였던 사내 임원들에게도 정주영 회장 형제의 운영방침에 협력하게 되는 계기가 되었다.

현대자동차는 프랑스로부터 프레스와 금형 기계의 대형 자본재를, 영국으로부터 단조, 엔진 가공 등의 시설재를, 일본으로부터 주물 기계 등을 도입하였다. 또한 차량 생산과 설비의 정상적 운영을 위해 영국 BLMC사의 부사장 출신인 조지 턴불(George Henry Turnbull, 1926~1992)을 부사장으로 영입하고 공장 운영을 맡겼다.

1975년 12월 울산 60만 평의 부지 위에 9,700만

현대자동차 포니(1975)
자료: 자동차모빌리티산업관.

달러가 투입된 종합자동차공장이 완공되었다. 90% 이상의 부품 국산화율을 달성하기 위해, 국내 부품 업체 가운데 160개사를 선정하고 품질 개선을 위한 활동을 펼쳤다. 당시 현대자동차의 1차 협력 업체는 총 429개사였다.

현대자동차의 포니는 차체 디자인, 생산 공장라인, 부품 업체 계열화, 품질 개선 등 만반의 준비를 마치고 1976년 1월부터 생산이 시작되었다. 현대자동차는 1,238cc, 연비 시내 13km/l, 고속도로 20km/l의 포니 가격을 상공부, 경제기획원과의 협의와 GMKorea, 기아자동차의 승용차 가격을 고려하여 책정하였다. 포니는 국내 시장에서 자가용은 약 228만 원, 영업용은 약 205만 원으로 판매되었다.

생산 첫해인 1976년에 포니는 국내에서 1만 700여 대가 판매되어 국내 승용차 시장에서 44% 시장

현대자동차 포니 픽업 수출(1978)

자료: 국가기록원.

점유율을 차지하며 대성공을 거두었다. 성공적인 국내 시장 안착 이후 포니는 1,400cc 엔진 도입, 4도어, 3도어, 픽업, 왜건 등 다양한 차종으로 개발되었다. 1977년 약 2만 대 판매로 승용차 시장에서 54%, 1979년 약 4만 7,000대 판매로 53%의 시장점유율을 차지하며 승승장구하였다.

또한 포니는 1976년 7월 에콰도르에 첫 국내 양산차로 수출되기 시작하여 1976년 첫해 1,019대가 수출되었고, 1977년 7,400여 대, 1978년 1만 8,000여 대, 1979년 1만 9,000여 대 수출로 내수와 동반 성장하였다.

포니의 수출 가격은 1976년 일본, 독일의 소형 차종 시장 가격 2,300달러 선을 맞추기 위해 차량

|표 1| **포니 내수 수출 가격 비교(1980)**

(단위: 천 원)

구분	포니(Pony)
국내 가격(A)	2,414
수출 가격(B)	1,043
A−B	1,371
수출품 면세	586
원가차액	705
결손	80

자료: 홍장표(1993).

FOB: 수출자가 지정된 항구에서 상품을 선박에 실을 때까지 모든 비용을 부담하고, 그 이후부터는 수입자가 부담하는 조건을 말한다. 한국에서 수출 시 많이 사용되는 무역거래 조건이다.

선적 전 FOB(Free on Board, 본선인도 조건)• 가격으로 1,850달러로 책정되었다. 1976년 1달러 환율 484원으로 계산하였을 때, 원화로 111만 원 선이다. 내수 가격보다 현저히 낮은 포니의 수출 가격은 가격 경쟁력 확보를 통해 수출산업으로 자리 잡게 하기 위한 정부 정책의 반영이기도 하였다.

국내 경쟁사인 기아자동차는 고비용의 고유 모델 개발은 포기하고 일본 마쓰다의 소형차 브리사를 KD 부품으로 수입해 1974년 2,000대, 1975년 8,500대를 생산하였다. GMKorea는 미국 중형차 시보레(Chevrolet) 1700, 일본 이스즈(Isuzu) 제미니(Gemini)를 KD로 들여와 생산하였으나, 시장의 반응은 좋지 않았다.

자동차산업의 정착

1970년은 철강산업 육성을 위해 정부가 포항제철 건설을 추진하던 시기였다. 포항제철 설계도를 작성하고 대일협상에 참여한 KIST 김재관 박사 팀은 철강 수요 산업인 조선과 자동차를 함께 육성하고자 하였다.

김재관 박사에 의해 추진된 고유 모델의 국산 소형 승용차 양산 및 톱다운 방식의 자동차 국산화 정책은 승용차 부품 국산화율 95%를 달성하게 하고, 자동차산업을 철강, 조선 산업과 함께 1970년대 이후 한국 중화학공업 육성전략의 핵심 산업이자 현재까지 한국 제조업의 핵심으로 자리 잡게 하는 계기가 되었다.

2024년 3월 발간된 미국 대통령 경제보고서는 탄소중립(Carbon Neutrality)•과 친환경에너지로의 전

탄소중립: 지구온난화를 방지하기 위해 경제활동에서 발생하는 탄소량을 줄이거나 포집하여, 최종적으로 탄소 발생량이 0이 되게 하는 개념이다.

포항제철 대일협상단(1969)

자료: 국가기록원(김학렬: 첫 줄 가운데, 김재관: 두 번째 줄 맨 왼쪽).

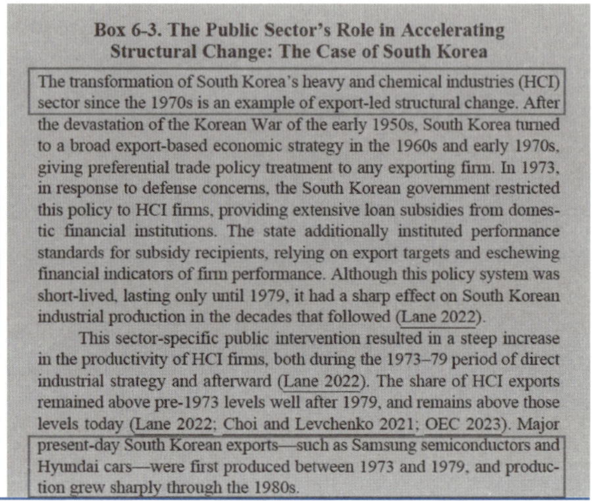

Box 6-3. The Public Sector's Role in Accelerating Structural Change: The Case of South Korea

The transformation of South Korea's heavy and chemical industries (HCI) sector since the 1970s is an example of export-led structural change. After the devastation of the Korean War of the early 1950s, South Korea turned to a broad export-based economic strategy in the 1960s and early 1970s, giving preferential trade policy treatment to any exporting firm. In 1973, in response to defense concerns, the South Korean government restricted this policy to HCI firms, providing extensive loan subsidies from domestic financial institutions. The state additionally instituted performance standards for subsidy recipients, relying on export targets and eschewing financial indicators of firm performance. Although this policy system was short-lived, lasting only until 1979, it had a sharp effect on South Korean industrial production in the decades that followed (Lane 2022).

This sector-specific public intervention resulted in a steep increase in the productivity of HCI firms, both during the 1973–79 period of direct industrial strategy and afterward (Lane 2022). The share of HCI exports remained above pre-1973 levels well after 1979, and remains above those levels today (Lane 2022; Choi and Levchenko 2021; OEC 2023). Major present-day South Korean exports—such as Samsung semiconductors and Hyundai cars—were first produced between 1973 and 1979, and production grew sharply through the 1980s.

미국 백악관 보고서(2024)

자료: Economic Report of the President(2024).

환을 위해 1970년대 한국의 중화학공업 육성전략을 주목해야 한다고 주장하였다. 핵심 산업의 성장과 삼성전자, 현대자동차의 성공 사례를 벤치마킹하여, 미 정부도 친환경산업에 정책적 지원을 펼쳐야 한다고 주장하였다(Economic Report of the President, 2024).

정부는 자동차산업 지원을 위해 관련 공장 건설과 시설 투자에 대해 직접세를 면제하고, 장기 저리 자금 융자를 제공하였다. 1977년에서 1981년 사이, 자동차 3사의 자금조달 비중은 자기자본 33.8%, 국내 정책자금 20.9%, 해외 차관 45.3%로 외자 인가와 정책자금을 주관하는 정부의 역할은 지대하였다. 또한 1976년 자동차 특별소비세도 배기량별로 인하하였다.

특히, 수출이 증가하기 시작한 1977년 전후 수출산업으로 전환한 자동차산업 관련 수출금융은 일반 대출금리보다 3~12%, 설비금융은 3~5%, 중소기업 특별자금은 3~5.5% 정도 더 낮았다. 지원 내용도 다양하여 자동차 부품, 기술 개발에 대한 조세감면, 신기술 투자자금 공제 등도 있었다.

박정희 정부는 1977년 자동차를 수출전략산업으로 지정하고, 해외 대출 정부 보증, 국내 대출 특혜 금리, 톱다운 소형차 정책 지원의 결실로 현대자동차 포니의 수출을 촉진하였고, 부품산업 발전에도 기여하였다. 정책효과는 1980년대 들어서도 지속적으로 긍정적 효과를 창출하였다(Lane, 2025).

1969년 KIST의 김재관 박사 팀에 의해 설계된 종합제철소 건설계획은 조선과 자동차 산업의 발전을 견인하였다. 철강산업은 자동차산업 부문 승용차용 강판을 1977년부터 공급하였고, 조선산업 부문 후판을 1970년대 초반부터 공급하였다. 한국의 철강, 자동차, 조선 산업의 발전은 정부의 산업 전략과 함께 해외 산업 동향을 파악하고 네트워크를 활용할 수 있었던 KIST와 과학기술 관료의 역할이 컸다.

3

자동차산업의 성장과 위기 (1980~1990년대)

자동차공업 합리화 조치

1978년 석유 수출국 이란의 호메이니 이슬람 혁명에 따른 제2차 석유파동의 여파로 원유 가격이 상승하고, 한국 경제는 경기침체를 맞게 되었다. 또한 1979년 10월 박정희 대통령의 급작스런 서거로 인해 한국은 정치·사회적 불안과 경제 불황의 커다란 혼란을 겪게 되었다.

정치 혼란과 28%에 달하는 물가 상승으로 인해 국민의 소비 활동이 위축되었고, 자동차 생산량은 1979년 20만 2,000여 대에서 1980년 12만 3,000여 대로 전년에 비해 40% 감소하였다.

1979년 12월 '국가보위비상대책위원회'는 박정희 정부의 중화학공업 육성 정책을 '과거 정권에 의해 저질러진 대표적인 과오'로 규정하였다. 중화학공업 일부 부문의 중복·과잉 투자와 적자를 이유로 전임 정권과의 단절을 위한 일련의 「중화학공업 투자조정」을 시행하였다.

1980년 8월 20일 국가보위비상대책위원회는 「8.20 중화학 투자조정 조치」를 발표하였다.

처음 정부의 계획은 자동차는 GM이 투자한 새

8.20 중화학 투자조정 조치(1980년)

1980년 국보위가 중화학공업 분야 중복·과잉 투자 조정을 위해 발표한 계획으로 주요 내용은 다음과 같다.

① 자동차 부문 관련 승용차 생산 일원화로 현대자동차가 새한자동차를 인수하고 승용차를 독점 생산하며, 기아자동차는 승용차 생산은 불허하고 1톤 이상 5톤 이하 트럭만 생산하며, 5톤 이상 트럭과 버스는 자유경쟁 생산한다.
② 발전설비 부문 중공업은 현대양행을 대우그룹이 인수한다.

중화학 투자조정 조치는 자동차산업 분야에서 완성차 업체와 부품 업체들에게 적지 않은 투자손실을 의미하였다.

한자동차가 맡게 하고, 발전설비는 현대그룹이 맡게 한다는 것으로 알려져 있었다(민경휘 1982).

현대그룹 정주영 회장은 대우그룹 김우중(1936~2019) 회장과의 면담에서 발전설비를 포기하고 자동차 부문을 맡기로 하였다. 또한 현대자동차와 새한자동차의 통합은 전두환(1931~2021) 정부의 기대와는 다르게 진행되었다. 새한자동차의 50% 지분은 대우가, 나머지 50% 지분은 GM이 가지고 있었기 때문이다.

GM은 통합 자동차 법인의 50% 지분을 요구하였고, 현대자동차는 GM의 지분은 25%에 불과하다

2.28 자동차공업 합리화 조치(1981년)

1981년 전두환 정부가 발표한 자동차 부문 구조조정 계획으로 주요 내용은 다음과 같다.

① 승용차는 현대자동차와 새한자동차로 이원화하여 경쟁체제를 유지하고, 상용차 1~5톤 트럭 및 버스 생산을 금지한다.
② 기아자동차는 승용차와 픽업을 제외한 1~5톤 트럭 및 중소형 버스를 생산하고, 동아(현 KG모빌리티의 전신)자동차는 소방차 등 특수특장차를 생산한다.
③ 기아자동차는 동아자동차와 통합을 추진하되, 2륜차 사업 부문을 대림산업에 인계한다.

정부는 승용차 과잉 생산을 방지하고, 승용 · 상용 · 특수 · 이륜 차종별 전문생산 체제 구축을 유도하고자 하였다.

며 맞서며 양사의 입장은 좁혀지지 않았다. 결국 6개월간의 협상은 결실을 보지 못하였고, 전두환 정부는 자동차 부문 통합을 포기하였다.

전두환 정부는 1981년 2월 28일 자동차공업 합리화 조치로 불리는 '2.28 조치'를 단행하였다. 그러나 기아와 동아의 통합은 기업 규모의 차이와 기아자동차의 부채 문제로 무산되었다.

정부는 1982년 7월 26일 그간의 합리화 업종 조치에 대한 최종 조치를 발표하였다. 결국 승용차 부

7.26 자동차공업 합리화 최종 조치(1982년)

1982년 전두환 정부의 자동차 부문 구조조정 최종 협의 결과로 주요 내용은 다음과 같다.

① 기아자동차와 동아자동차의 통합은 백지화하고, 기아자동차는 중소형 트럭 및 버스를 생산한다.
② 특수특장차 생산은 자유화한다.

기아자동차는 투자를 진행해 왔던 승용차와 이륜차를 생산하지 못하게 되었고, 현대자동차는 디젤엔진과 상용차 생산을 못하게 되었으나 승용차 생산 투자에 집중할 수 있었다. 이 조치는 1987년 해제되었다.

문은 현대자동차와 새한자동차 이원화 생산, 지프차형 차량은 신진자동차가 민수용, 아시아자동차는 군용, 1~5톤 트럭 및 버스는 기아자동차, 8톤 이상 트럭과 버스는 자유경쟁 생산하는 것으로 정리되었다. 이러한 전두환 정부의 조치는 막대한 시설 투자를 무용지물로 만들었고, 부품업계의 자금 압박을 가중시켰다. 정부의 부적절한 산업 정책의 한 단면으로 볼 수 있다(민경휘 1982).

전두환 정부는 중화학 투자조정 조치 당시의 입장과 달리, 자동차 수출을 추진한 상공부의 입장을 반영하여 1979년부터 현대자동차가 추진한 X-CAR

X－CAR 프로젝트: 1981년부터 1984년까지 기간 현대자동차가 미국 등 본격 수출을 위해 각국의 안전법규와 배기가스 규제를 충족하고 유럽식 전륜구동 방식을 채택한 엑셀 프로젝트를 말한다. 연 30만 대 생산, 20만 대 수출 목표로 프로젝트 가동 후 엑셀은 미국 진출 성공의 첫 소형차 모델이 되었다.

엑셀 프로젝트(Excel Project)•와 규모의 경제 달성을 위한 연간 30만 대 공장 확충안을 승인하였다.

만약 당시 경제기획원의 의도대로 현대자동차가 GM과 합작해 새로운 법인을 출범시켰다면, 한국의 독자 모델은 물론이거니와 이후 40여 년간 세계 5위 수준의 수출 주력 산업으로 성장한 자동차산업을 기대하기 어려웠을 것이다(류석진 1994).

북미 시장 진출

1970년대 후반 현대자동차가 개발한 소형 승용차 포니는 연간 14만 대 생산, 60여 개국 수출을 기록하였다. 그러나 수출량은 2만 대를 넘어서지 못하였고, 매출액도 1억 달러에 미치지 못하였다.

현대자동차 정세영 회장은 30만 대 공장 건설계획을 1981년 10월 발표하였다. 연간 30만 대 정도를 생산해야 규모의 경제를 이루어 공장자동화와 품질 향상, 국제적으로 경쟁력 있는 생산단가를 맞출 수 있기 때문이었다. 이 계획은 1985년까지 내외자 총 3,969억 원을 투입하여 울산공장에서 연간 30만 대의 전륜구동형 소형 승용차 생산을 목표로 하였다.

현대자동차 울산 30만 대 생산공장 준공(1985)
자료: 자동차모빌리티산업관.

이러한 계획의 X-CAR 프로젝트는 개발 단계부터 미국과 캐나다의 종합성능 기준과 배기가스 규제를 통과할 수 있도록 준비되었다. 차명은 성능과 품질이 뛰어나다는 'excellent'의 '포니 엑셀'이었다.

또한 현대자동차는 직접 자동차 부품을 생산할 수 있는 공작기계를 제작하는 방안을 모색하였고 공작기계와 금형 부문에서 시행착오를 거쳐 국산화에 성공하였다. 따라서 생산 부품 단가를 낮출 수 있었을 뿐만 아니라, 수입 공작기계와 금형 단가도 낮출 수 있는 협상력을 확보하게 되었다.

이와 더불어 현대자동차는 자체 엔진 개발을 위해 1982년 경기도 용인에 위치한 마북리에 총 6,100평의 연구소를 600억 원의 자금을 들여 착공하고, 1984년 11월 완공하였다.

연구소를 직접 세우면 그간 기술을 제공하던 글로벌 선진 자동차회사들이 경쟁자로 여김으로써 견제와 압박이 가해져서 더 이상 기술을 습득하기가 쉽지 않을 것이 예측되었다. 하지만 현대자동차는 장기적 기술 자립의 중요성을 인식하여 연구소 설립을 결정하였다(Lee and Lim 2001).

자체 엔진 개발의 노력은 1991년 1,300cc 소형 가솔린엔진 '알파' 개발로 결실을 맺었다. 알파엔진은 영국 리카르도(Ricardo)사와 기술협력 계약하에 개발에 성공하고 소형 스포츠카 스타일의 스쿠프(Scoupe)에 탑재되었다. R&D 투자 성과로 7년 만에 일본 소형차 엔진 성능과 견줄 독자 엔진 개발에 성공하였다.

한편, 1981년 11월 현대자동차는 일본 미쓰비시 자동차의 엔진, 트랜스미션 및 섀시 기술, 이탈리아 이탈디자인의 스타일링 기술, 영국 GKN으로부터 전륜구동형 등속조인트 기술을 도입하였다. 1985년

북미 수출 차종 현대자동차 엑셀(1985)
자료: 자동차모빌리티산업관.

2월 신차발표회와 함께 1,300cc와 1,500cc 배기량의 3개 모델로 포니 엑셀 양산을 시작하였다.

1980년대 중반에 미국은 연 500만 대의 수입 승용차를 포함해 1,000만 대 규모의 세계 최대 승용차 시장을 형성하고 있었다. 현대자동차는 대미 차량 수출의 흑자 실현을 목표로 하였는데, 미국 시장 진입에 앞서 1984년 캐나다 시장에 먼저 포니2 수출을 시작하였다.

1981년 캐나다 정부는 일본산 소형 승용차 수입을 규제하였으며, 현대자동차의 포니2는 캐나다 시장에서 1984년 2만 5,000여 대, 1985년 7만 9,000여 대 수출 실적을 올렸다.

이러한 성과에 자신감을 얻은 현대자동차는 1985년 2월 엑셀을 미국 시장에 수출하기 시작하였다. 당시 미국에서도 일본 소형 승용차에 대한 수입 규제로 인해 가격이 상승한 상태였고, 연비가 높은 소형차에 대한 수요 갈증이 엑셀로 몰렸다. 또한 당시 미국 달러에 대한 원화 환율이 1달러 680원에서 980원으로 상승하여 수출 경쟁력 강화와 함께 현대자동차가 흑자를 볼 수 있는 좋은 기회였다.

대우그룹은 연간 2만 대 정도의 GM 모델 승용차를 생산하는 수준이었으므로 현대자동차와 같이 고유 모델의 최신 차종을 출시할 만한 역량과 시간이 부족하였다. 또한 GM은 미국 내 소형차 시장에서 일본 도요타자동차와 경쟁할 소형차 생산이 절실하였으므로 소형차 생산을 위한 월드카 전략을 추구하게 되었다.

월드카 전략은 GM 계열사인 독일 OPEL사가 소형차를 개발하고, 대우자동차는 생산을 담당하며, 품질보증과 판매는 GM이 담당하는 국제분업 체계였다. 1986년 대우자동차는 월드카 전략 차종인 르망(Lemans)을 생산하였으며, 1987년부터는 미국으로 수출을 시작하였다. 1987년 대우자동차는 르망을 미국 시장에서 6만 8,000여 대, 1988년에는 7만 8,000여 대를 판매하였다.

기아자동차는 1981년 정부의 자동차공업 합리화 조치로 인해 승용차를 생산할 수 없게 되자, 1980년 일본 마쓰다의 1톤 트럭 봉고(Bongo)를 라이선스(License) 도입하여 생산하고, 이어 1981년에는 12인승 소형 승합차 봉고 코치(Bongo Coach)를 출시하여 5개월간 1,000여 대, 1982년 1만 3,000여 대, 1983년 1만 9,000여 대를 판매하였다. 봉고 시리즈는 자영업자와 소상공인들에게 인기가 많았다. 이에 힘입어 기아는 1981년까지 누적 적자 530여억 원에서 1982년 이후 흑자 전환할 수 있었다.

수출자율규제: 수출국이 자율적으로 수출량을 정해진 기준 이하로 억제하는 정책이다. 수출자율규제는 형식적으로 자발적이나 실질적으로는 수입 쿼터로 볼 수 있다. 1980년대에 미국은 미국 시장에서 일본의 자동차 수출량을 줄이라는 압력을 행사하였다. 이에 일본 업계는 수출자율규제를 따르다가 미국 현지 생산 방식을 채택하였다.

기아자동차는 1987년 자동차공업 합리화 업종 해제를 앞두고, 기술제휴 업체였던 일본 마쓰다와 포드가 월드카 전략으로 개발해 놓은 1,000cc 배기량의 소형차 프라이드(Pride) 생산에 참여하였다.

포드가 개발비용과 판매를 담당하고, 일본 마쓰다가 기술과 생산을 맡기로 하는 국제분업 체계에 수출자율규제(Voluntary Export Restrictions: VER)•로 생산이 어려워진 일본을 대신하여 기아자동차가 생산을 맡게 되었다. 1985년부터 수출을 조건으로 생산 준비에 들어가 1987년 미국에 수출이 시작된 프라이드는 첫해 6만여 대, 1988년 7만 3,000여 대 판매에 성공하였다.

현대자동차와 대우자동차, 그리고 기아자동차 3사가 미국 시장 수출을 목표로 매진하고 있던 1987년, 국내 승용차 내수 시장도 3저 효과(저금리, 저환율, 저유가)에 힘입어 폭발적으로 성장하게 되었다.

자동차 내수는 1979년 말부터 1980년까지의 정치적 불안정으로 인해 한때 크게 위축되었다. 1981년 자동차 내수 판매는 10만 9,000여 대였으나, 1982년에는 14만 900여 대로 약 28%의 신장률을 보였다.

일각에서 중화학공업의 과잉 투자와 비교열위 산업으로 인한 낮은 경쟁력이 자동차 내수를 위축시켰다고 주장하지만, 이는 논리적으로 맞지 않다. 1986년 자동차 내수 판매는 28만 8,000여 대였으나, 1987년에는 42만여 대를 기록하여 45% 이상의 성장률을 나타냈다. 이러한 성장 추세는 1988년 52만 3,000여 대, 1990년 97만 6,000여 대로 이어져

연평균 25~45% 급격한 성장세를 보였다.

이는 국민소득의 증가와 더불어 소형차, 중형차, 대형차 등 차종의 다양화로 자동차가 대중화되었기 때문이다.

한편, 자동차 수출은 1981년 2만 6,000여 대에서 1984년 포니2의 캐나다 수출로 인해 5만 2,000여 대로 늘어나 전년 대비 113%를 기록하였다. 1985년 포니 엑셀의 미국 시장 진출로 자동차 수출은 12만 3,000여 대, 1987년 54만 6,000여 대를 달성하여 전년 대비 각각 135%, 148%의 신장률을 기록하였다. 그러나 1988년 이후 자동차 수출성장률은 급격히 감소하기 시작하였다. 미국에 수출되던 포니 엑셀의 부품 품질 및 내구성 문제, 1987년 노사분규와 파업으로 인한 품질 불량 등이 원인으로 분석되었다.

또한 일본 자동차 업체들이 미국의 수출자율규제를 회피하여 미국에서 현지 생산하는 차량이 증가하게 되자, 가격 경쟁력에서 우위를 점하였던 현대자동차 판매 급감에 영향을 미쳤다.

이러한 수출 감소로 위기에 빠진 자동차 3사는 자동차 대중화에 의한 내수 판매로 인해 다시 살아

날 수 있었다. 내수 판매 급증의 요인은 1986년부터 1988년까지 3년 동안의 '3저 호황•'에 따른 무역수지 흑자를 들 수 있다. 중화학공업 분야의 수출 증가로 인한 경제 규모의 증가와 1인당 국민소득 증대는 자동차 구매를 촉진하였다.

3저 호황: 낮은 국제유가, 달러화의 약세, 낮은 국제금리의 3저는 원유 수입과 자본재 수입에 따른 무역수지 적자를 무역수지 흑자로 전환하는 데 크게 작용하였다.

국내 소비자가 선택할 수 있는 차종의 다양화도 자동차 내수 증가를 돕는 요인으로 작용하였다. 1976년 포니 생산 이후 소형차가 수요의 75% 이상으로 압도적 비중을 차지하였으나, 1981년부터 중형차의 수요 비중이 증가하여 30%대로 올라서기 시작하였다. 대표적으로 현대자동차에서는 1983년에 1,600cc와 1,500cc 배기량의 차체가 큰 중형차 스텔라(Stella), 1985년에 1,800cc, 2,000cc 소나타(Sonata)•를 출시하여 소비자의 선택 폭을 넓혀 주었다.

소나타: 1985년 출시 후 1986년 '쏘나타'로 개명되었다. 2025년 현재, 쏘나타는 8세대 모델까지 출시되어 현대자동차의 장수 모델로 자리매김하고 있다.

1987년에 약 25만여 대의 승용차가 내수 판매되었고, 서울올림픽이 열린 1988년에 승용차 판매량이 32만 4,000여 대로 전년 대비 30% 증가하였다. 1991년에는 승용차 내수 판매량이 100만 대를 넘어섬으로써 자동차 내수의 폭발적 성장을 체감할 수 있게 되었다. 이렇게 승용차 내수 판매량이 증가한

배경에는 정부의 자동차 특별소비세 등 관련 세제의 인하도 기여하였다.

고유 모델 포니의 생산은 국내 부품 업체의 확대에도 영향을 미쳤다. 자동차공업협동조합에 가입한 업체 수는 1977년 167개사에서 1986년 927개사로 증가하였다.

1986년 자동차 부품 업체들의 매출은 1조 6,200여억 원을 기록하였고, 수출액 또한 1억 6,500만 달러를 달성하였다. 자동차 3사는 엔진과 변속기 등 핵심 부품은 직접 생산하거나 해외에서 조달하고, 부품 업체들로부터 내·외장재와 여타 부품들을 납품받았다.

현대자동차는 부품 업체들의 품질 향상 지원을 위해 1984년부터 조직된 협력 업체 163개사로 구성된 협동회와 미가입 업체 94개사를 포함한 259개사에 대해 기술교육, 세미나, 생산관리, 생산성 향상을 위한 현장 지도, 자동화를 위한 자금 지원을 지속적으로 실행하였다. 그 결과 1980년대에 현대자동차와 부품 업체 간 수직계열·통합화가 공고하게 자리 잡게 되었다.

1976년 고유 모델 포니 생산 이후 한국 자동차

산업은 1980년대 중후반에 이르러, 북미 수출에 대한 대량 수출 성공과 자동차 대중화를 통해 국민경제에 미치는 영향력이 점점 확대되었다. 자동차산업의 부가가치는 1976년 770억 원에서, 1988년 3조 1,300여억 원으로 대폭 증가하였다. 고용도 1976년 2만 4,000여 명 수준에서 1988년 15만 4,800여 명으로 확대되었다.

자동차산업 산출액은 1975년 1,600여억 원에서 1990년 16조 2,300여억 원으로 급성장하였다. 전산업 대비 자동차산업의 비중은 1975년 0.7%에서 1990년 3.9%로 증가하였고, 제조업 대비 자동차산업의 비중은 1975년 2.1%에서 1990년 9.2%로 증가하였다.

삼성자동차 진입과 자동차 3사의 대응

GM과 합작 중이었던 대우자동차는 1992년 경영 비전 갈등을 해소하고자 GM의 지분을 인수하여 단독 경영에 돌입하였다. 기존의 에스페로(Espero)와 프린스(Prince)에 이어, 이탈디자인의 주지아로 팀에 의뢰하여 새로운 디자인의 라노스(Lanos), 누비

대우자동차 레간자(1997)
자료: 자동차모빌리티산업관.

라(Nubira), 레간자(Leganza)를 1996년부터 출시하였다. 대우자동차는 고유 모델 출시를 통해 내수 시장에서 좋은 반응을 얻어 시장점유율을 높여 나갔다.

RV: 레저용 차량을 의미한다.

기아자동차는 준중형 세피아(Sephia), 중형 크레도스(Credos), RV(Recreational Vehicle)• 스포티지(Sportage)를 개발하고 출시하였다. 하지만 심혈을 기울인 중형차 크레도스가 성공적으로 시장에 진입하지 못하고, 손익분기점을 넘기지 못해 경영위기를 맞게 되는데, 시장 흐름을 따라가지 못한 디자인이 문제로 지적되었다(김천욱 2002).

한편, 미국과 유럽의 자동차 수입 개방 요구와 자유시장 경쟁에 대응하여 1986년 정부가 제정한 「공업발전법」에 따라, 1989년 7월부터 자동차 생산 시장에 신규 진입을 허용하였다. 자동차산업 진출을 기다렸던 삼성그룹은 정치권의 지원에 힘입어 진입 허가를 받았다. 1992년 대구에 설립된 삼성중공업은 일본 닛산자동차와 기술제휴하여 1994년 15톤과 11.5톤의 덤프트럭을 출시하였다.

삼성그룹이 승용차시장에도 진입을 모색하자, 상공부는 내수 시장 출혈경쟁과 경쟁회사 기술 인력 스카우트 등 대외 경쟁력 약화를 들어 반대하였다. 하지만 삼성그룹은 부산의 매립지인 신호공단에 연산 24만 대 공장 설립을 추진하여 1994년 12월 진입 허가를 받아 냈다.

삼성그룹이 승용자동차산업에 진입하고자 준비하던 시기인 1992년 10월, 상공부와 자동차 5사인 현대, 기아, 대우, 쌍용, 아시아는 자동차공업 발전 민간협의회를 통해 자동차산업의 국제 경쟁 규모와 적정 경쟁을 유지하기 위한 'X-5 프로젝트•' 추진을 발표하였다. 이 프로젝트는 자동차 3사를 중심으로 각각 연간 100만 대 이상의 생산 능력 확보와 자동

X-5 프로젝트: 주요 내용으로 국제 경쟁력을 위한 기술 개발, 품질 및 생산성 향상을 통해 기술 자립, 수출 증대, 고부가가치 산업 구조 고도화를 목표로 하였다.

차 부품단지 육성, 그리고 해외 선진국과의 동등한 자동차 기술 확보를 위한 해외 연구소 설치 확대를 목표로 하였다.

상공부는 완성차 제조사들의 X-5 프로젝트 성공을 뒷받침하고 수출 차량의 품질 향상을 위한 자동차 부품 경쟁력 강화를 목표로 자동차 부품산업 발전 전략을 마련하여, 1995년 'XC-5 프로젝트'로 발표하였다. 이 프로젝트는 부품산업의 공급 기반 확충, 품질 경쟁력 제고, 기술 자립화, 업체 간 부품 공용화, 하청 구조 개선을 통해 2000년까지 매출 25조 원, 수출 30억 달러 달성을 목표로 하였다.

당시 자동차 부품산업은 종업원 수 1,000명 이상 41개사, 100명 이상 1,000명 미만 407개사로 성장해 있었다. 국내 자동차 부품산업이 커지면서 자동차부품의 설계 개발 과정에서 해외 의존도를 낮추기 위해 자동차 부품을 개발하고 부품 업체로 이양하는 전문부품연구기관의 필요성이 제기되었다. 이에 자동차산업 관계 기관 및 업체들이 힘을 모아 1990년 한국 자동차 부품 종합기술연구소를 설립하였다. 1995년 충남 천안에 연구소를 준공하여 '자동차부품연구원'으로 명칭을 변경하고 부품기술 개발과 인력양성을 담당하였다.

현대자동차는 1984년 마북리 연구소에서 시작한 1,500cc 독자 엔진 개발 과제를 1991년 일본 미쓰비시의 동급 엔진보다 우수한 '알파엔진' 개발•로 성공적으로 마무리하였다(송성수 2021). 영국 리카르도사의 설계용역 지원, 7년여의 소요 기간과 1,000억 원의 연구개발비 투입 끝에 독자 엔진과 변속기 개발을 완료하고, 1992년 미국 인증도 확보하였다.

현대자동차는 알파엔진을 스쿠프와 엑센트(Accent)에 탑재하여 판매에 성공한 후, '기술 자립 10년 계획' 이후 독자적 설계 능력을 바탕으로 베타, 감마(γ), 세타 엔진으로 이어지는 배기량별 엔진 개발에 착수하였다. 또한 상용차용 디젤엔진 개발에서도 성공을 거두며 기술 자립을 확대해 나갔다. 그리고 1992년 기아자동차도 2,700cc 디젤엔진 개발에 성공하였다.

1995년 세계 1위 자동차 생산국은 미국으로 승용차 635만 대 포함 1,198만 대, 2위 일본은 승용차 761만 대 포함 1,019만 대, 그리고 독일, 프랑스에 이어 한국이 승용차 200만 대 포함 252만 대를 기록하였다. 승용차 생산 200만 대 돌파는 1975년 고유

알파엔진 개발: 현대자동차는 1983년부터 독자 엔진 개발을 시작하여, 1991년 알파(α)엔진을 개발하였다. 1995년에는 설계부터 생산까지 현대자동차의 역량으로 베타(β)엔진 개발에 성공하였다. 이후 현대자동차의 지속적인 엔진 개발은 '세타(θ)', '람다(λ)' 엔진 개발의 결실로 이어져, 현대자동차가 글로벌 경쟁력을 갖추는 기반이 되었다. 세타엔진은 일본 미쓰비시, 미국 크라이슬러 등에 수출되어 기술 역량을 인정받았다.

모델 포니 출시 이후 20년 만의 성과였다.

한국의 승용차 생산 대수는 1975년 1만 8,000여 대, 1980년 5만 7,000여 대, 1990년 98만여 대를 넘어 1995년에는 200만 대를 초과 생산하였다. 버스 생산 대수는 1975년 3,800여 대에서 1995년 21만여 대로 증가하였다. 트럭 부문에서도 1975년 1만 5,000여 대, 1995년 28만 8,000여 대로 괄목할 만한 성장을 이루었다.

1995년에 한국은 완성차 98만 대, KD 포함 108만 대를 해외 시장에 수출하였다. 수출 1위 지역은 전체 20.1%를 차지한 미국이다. 이어서 호주가 4.6%로 두 번째, 브라질이 3.4%로 세 번째를 차지하였다. 수출 시장이 북미, 중남미, 아시아, 유럽, 아프리카 등으로 다변화하였다.

미국 시장에서 한국 승용차의 경쟁력은 상대 가격이 저렴한 데 있었다. 1995년 미국 시장에서 현대자동차의 소형차 엑센트의 가격은 8,079달러로 경쟁 차종의 상위 가격 대비 2,000달러 정도 낮았다. 한국의 자동차 3사는 미국을 포함하여 해외 시장에 적합한 기술을 개발하고 수출 경쟁력을 높이고자 주요 국가에 현지 연구소를 설립·운영하였다.

현대자동차는 1985년 미국에 진출하여 현대 아메리카 테크니컬센터(Hyundai America Technical Center)를 설립하고, 환경 규제 관련 배기, 연비, 안전도 등의 연구를 시작하였다. 기아자동차도 1989년부터 미국과 일본, 유럽에 신기술과 디자인을 연구하는 주요 연구소를 설립·운영하였다. 대우자동차도 1991년에 영국에 제품설계를 위한 대우 워딩 테크니컬센터(Daewoo-Worthing Technical Centre)를 설립해 신차 개발을 수행하였다.

또한 해외 현지 생산공장을 세워 현지 소비자의 취향에 부응할 수 있는 자동차를 생산·판매하거나 원가 절감을 도모하였다. 현대자동차는 1995년 당시 전 세계 17개국에 현지 공장을 운영하거나 추진 중에 있었다.

대우자동차는 현대, 기아자동차보다 늦게 해외 현지 생산공장 설립에 합류하였다. 1993년에 GM으로부터 경영권을 인수한 대우자동차는 세계경영을 외치며 공격적으로 해외 업체의 지분과 경영권을 인수하였다.

대우자동차는 전 세계 11개국에 진출하는 가운데, 동구권에서 시장수요가 명확하지 않은 상태임에도 투자를 감행하였다. 김우중 회장은 중간 기술 수준의 소형차, 중형차를 동구권의 현지 공장에서 생산하여 현지 판매 및 서유럽에 수출하고자 하였으나 여의치 않았다. 막대한 해외 투자와 저조한 판매 수익은 본사를 자본잠식 상태에 처하게 하는 요인이 되었다(이항구·조철 2000).

현대자동차는 매출액이 1989년 3조 8,000여억 원에서 1995년 10조 3,000여억 원으로 증가하고, 순이익도 400억 원대에서 1995년 1,500억 원대로 매년 꾸준한 증가세를 보이고 있었다.

기아자동차의 경우, 매출액은 1989년 1조 8,000여억 원에서 1995년 5조 6,000여억 원으로 증가하였으나, 순이익 부문에서 1994년 696억 원의 적자를 보였다. 이는 새로 개발한 중형차 크레도스의 판매 부진이 크게 작용하였다.

대우자동차도 매출액은 1989년 1조 1,000여억 원에서 1995년 3조 4,000여억 원으로 증가하였으나, 순이익 부문에서는 1995년을 제외하고 지속적인 적자 상태를 면하지 못하고 있었다.

외환위기와 자동차 구조조정

1995년 한국 자동차산업은 승용차 수출 100만 대 달성과 세계 5위 수준의 자동차 생산국으로 발돋움하였으나, 1997년 IMF 외환위기 체제를 전후하여 구조조정을 겪게 되었다.

1997년 이전 승용차와 상용차를 생산하거나 생산 예정이던 자동차 회사는 현대, 기아, 대우, 아시아, 쌍용, 현대정공, 대우조선, 삼성상용차, 삼성자동차 총 9개 회사였다.

이러한 완성차 업체의 구조조정 가능성은 IMF 외환위기 이전부터 제기되고 있었다. 그 이유로, 첫째 과다한 완성차 업체 수, 둘째 과잉 생산 능력, 셋째 가격 경쟁력 약화로 인한 수익성 악화, 마지막으로 삼성자동차의 진입으로 인한 과당 경쟁이 손꼽힌다.

한국 자동차산업이 안고 있는 문제에 더하여 1996년 국내 경제 전반에서 심각한 위험 신호가 나타나기 시작하였다. 첫째, 엔저와 반도체 수출 부진 등으로 인한 한국 경상수지 적자 폭이 크게 증가하였다. 둘째, 준비되지 않은 금융 시장 개방으로 한국의 고금리 상황을 이용한 국내 금융기관의 해외 단기 외채 유입이 급증하면서 대외채무가 빠르게 증가하였다. 금융 시장 개방은 OECD 가입을 위한 김영삼 정부의 조치였는데, 국내 종금사들은 3개월 단기 외채를 들여와 만기 연장을 하면서 장단기 금리차를 이용해 1년 이상 국내외 장기 대출을 실행하였다. 셋째, 1997년 뇌물 비리로 얼룩진 한보철강의 부도와 한라, 대농 등 주요 그룹이 잇따라 부도를 냈다. 넷째, 원 달러 환율 안정을 위해 쓰인 외환보유고가 급격히 소진되었다. 1997년 8월 한국 외환보유고는 300억 달러에서 11월 말 72억 달러로 3달 사이 230억 달러 가까이 줄었다. 이에 따라 외환위기에 대한 취약성이 높아졌다.

태국 등 아시아 지역 외환위기에 연이어 한국 시장에서도 급격한 달러 유출이 발생하자 김영삼 정부는 1997년 11월 22일 외환보유고가 바닥난 상황에서 IMF에 긴급 금융 지원을 요청하였다. 12월 3일 IMF는 한국 정부에 고금리정책, 재벌 및 금융 부문 등에 대한 철저한 구조조정과 공공 부문 민영화를 전제 조건으로 하여 210억 달러 구제금융을 승인하였다. 이로써 한국 경제는 국제통화기금 관리 체제하에 놓이게 되었다.

김대중(1924~2009) 정부는 외화를 확보한다는 명분으로 자동차산업 부문에서 기아자동차와 대우자동차를 해외에 매각하려는 방침으로 국제 경쟁입찰을 주도하였다. 1997년 부도 유예와 법정관리에 들어갔던 기아자동차는 포드에 매각하고자 하였으나, 포드의 추가 요구로 무산되어 결국 현대자동차에 인수되었다. 대우자동차는 포드를 1차 협상대상자로 지정하였으나, 포드의 거부로 최종 GM에 헐값 논쟁 속에 매각되었다.

기아자동차는 전문경영인 체제였음에도 재벌과 같은 방식의 계열사 확대와 사업다각화를 통해 규모를 키우고 부채비율을 높여 나갔다. 기아그룹은 1996년 28개 계열사 중에 17개사가 큰 폭의 적자를 기록하였다. 1998년 10월 기아자동차 총부채 15조 8,793억 원 가운데 9조 9,000억 원의 부채 탕감과 함께 3조 1,000억 원 추가 대출을 해주는 조건으로 1999년 현대자동차가 기아자동차를 인수하였다. 기아그룹에 인수되었던 아시아자동차도 역시 함께 현대자동차에 편입되었다.

1992년 이후 GM의 지분 50%를 인수한 대우그

룹의 김우중 회장은 품질 확보를 위한 경영혁신운동과 신차 무이자 할부 판매라는 출혈 가격 경쟁을 통해 내수 시장 점유율을 높여 나가고자 하였다.

대우자동차의 이른바 '세계경영'은 주로 동유럽과 동남아시아에 집중되었다. 그룹의 해외 차입금은 총 68억 달러로 이 중 외국 금융기관 차입금 약 45억 달러, 국내 금융기관 현지법인 차입금 약 16억 달러, 전환사채가 약 7억 달러 정도였다. 그러나 동유럽 시장의 수요 증가 속도가 예상보다 느려 해외 평균 가동률이 40%를 넘지 못하였다.

대우자동차는 무이자 할부 판매와 밀어내기 수출로 인한 회수 불능 매출채권을 처리하지 않는 등 불법 분식회계를 활용하였다. 1999년 8월 대우그룹은 대우자동차를 포함하여 12개 대우계열사와 함께 워크아웃(work out)• 대상이 되었다.

워크아웃: 채권단 주도로 부실기업의 채무 조건을 완화하고 구조조정을 시행함으로써 회생을 위한 기업개선작업을 수행하는 것을 뜻한다.

김대중 정부는 부실채권 정리와 금융 개선을 목표로 해외 매각을 추진하며 채권단을 통한 금융 지원을 축소하고 정리해고를 포함한 구조조정을 단행하였다(신장섭 2014). 대우자동차의 내수 시장 점유율은 1998년 30%에서 2000년 9월 18%로 대폭 하락하고 신규 투자는 중단되었다. 김대중 정부의 GM

매각 종용 이후 대우자동차의 인수 가치는 계속 하락하였고, GM과 포드 등 해외 업체들은 시간 끌기를 하며 인수 가격을 낮추어 가는 등 헐값 인수를 위한 노력을 기울였다. 대우자동차 생산 대수도 1999년 93만 대에서 2000년 82만 대로 감소하였다.

기업 경영정상화를 위한 신용 지원과 구체적 협상 전략 없는 정부의 일방적 해외 매각 방침과 추진은 입찰 협상의 실패를 불러왔고, 결국 기업가치 하락에 따른 국부 유출 논의를 피할 수 없었다(신장섭 2014).

1998년 말의 대우자동차는 총자산 11조 8,000억 원, 총부채 17조 9,000억 원으로 자기자본이 마이너스 6조 원대였다. 2000년 2월 이후 17개월 만인 2001년 9월 21일 GM은 대우자동차와 산업은행과의 협상 끝에 인수 양해각서를 체결하였다.

신설법인은 GM이 4억 달러, 채권단이 약 2억 달러를 출자하고, GM 지분 50%, GM 관계사 17%, 채권단 33%의 지분을 갖는 것으로 정리되었다. GM은 대우자동차에게 12억 달러를 지불하고 부평공장을 제외한 군산, 창원공장, 기술연구소와 정비공장, 해외 22개 법인, 이집트, 베트남 공장 등을 인수하기로 하였다(이영면 2005).

GM이 대우자동차에 주기로 한 12억 달러어치의 우선주로 채권단은 미수 채권의 일부를 회수하였지만, 다시 GM대우 측에 약 2억 달러의 투자와 운영자금 20억 달러를 대출해 주기로 하였다.

정부는 GM대우를 위해 법인세 7년간 면제, 배당소득세 10년간 50% 감면, 특별소비세 5년간 납부유예 특혜를 제공하였다. 대우의 회사채는 정부가 감액하여 상환하였다. 1999년부터 2년간 대우그룹의 누적 손실은 약 48조 원, 부채는 57조 원에 달하였다. 감가된 부채는 세금으로 충당되었다.

삼성그룹은 김대중 정부의 주선하에 1999년 대우그룹과 자동차와 전자 부문 간 빅딜을 시도하였지만, 협상이 결렬되어 결국 삼성자동차는 법정관리를 신청하였다. 삼성자동차는 2000년 프랑스 르노(Renault)에 70%의 주식을 매각하고 사업을 정리하였다.

독자 기업 vs 다국적기업, 최후의 승자는?

IMF 관리체제 전후의 한국 자동차산업 구조조

정에 따라 내수 시장에서 기아자동차를 인수한 현대자동차그룹과 대우자동차를 인수한 한국지엠 간 양자 구도는 현재까지 계속되고 있다.

1997년 IMF 관리체제하의 한국 자동차산업의 자동차 생산 대수는 약 282만 대 정도였다. 1998년에는 구조조정과 경기침체로 인해 생산 대수가 감소하여 약 195만 대를 생산하였다.

내수는 1997년 약 151만 대에서 IMF 구조조정 시기에 감소하였다가, 2008년 글로벌 금융위기 이후 회복되기 시작하여 2023년 약 174만 대를 기록하였다. 수출액은 1997년 128억 달러에서 2023년 약 708억 달러로 증가하였다. 1997년 소형차 수출에서 중대형차급 고급 차량 수출로 전환되었다.

현대자동차는 기아자동차를 인수한 이후 통합 플랫폼과 공용 부품을 활용하여 생산비 절감과 개발 기간 단축을 통해 경쟁력을 회복시켜 시너지 효과를 극대화해 나갔다. 이후 신차 개발과 차세대 기술 적용으로 국내외 공장 생산량도 늘렸다. 2011년 현대자동차는 국내외 공장에서 약 406만 대 생산을 기록하고, 2022년 생산 대수는 약 394만 대로 소폭 감소하였다가 2024년에는 402만 대로 증가하였다.

|그림 1| 한국 자동차산업 생산 대수(1997~2023)

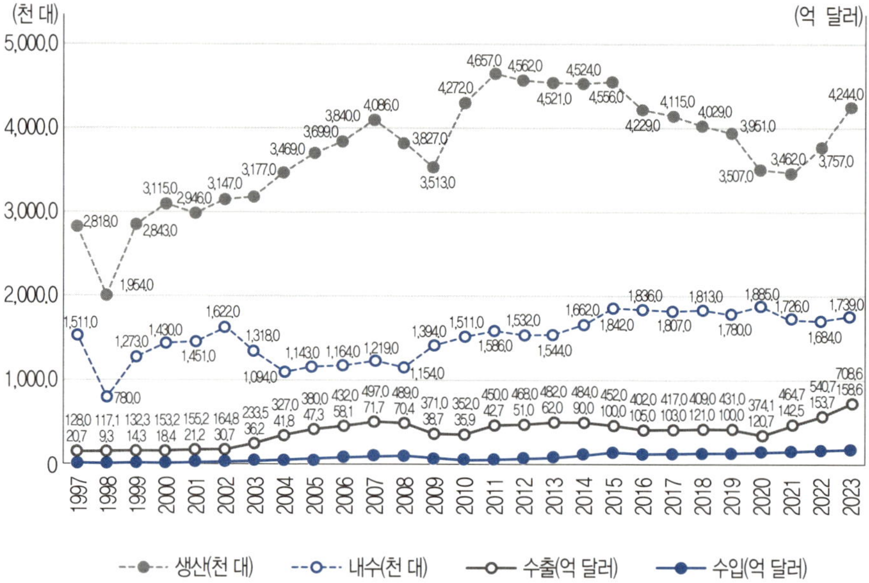

자료: 산업통상자원부.

한국지엠은 2002년 내수 시장에서 약 16만 대를 판매하여 9.9%의 시장점유율을 기록하였다. 신차 개발 출시 지연, 군산공장 폐쇄 등의 사유로 2021년 약 5만 4,000여 대를 내수 판매하여 3.8%의 내수 시장 점유율을 나타냈다. IMF 구조조정 이전 내수 시장 점유율 30% 대비 대폭 감소하였다.

한국지엠은 2016년 이후 매출 대비 지출이 많아 6년 연속 적자를 기록하였다. 2021년 약 3,800억 원

규모의 적자를 기록하였다. 차량 생산도 내수 시장보다는 수출을 목표로 하므로 단순 생산하청기지로의 전략이 우려된다.

1997년과 2001년 IMF 구조조정을 거치고 고유모델 개발 이후 독자생존의 길을 걸어온 현대자동차그룹과 GM으로 매각되어 단순 생산하청기지 역할을 담당하고 있는 한국지엠의 성과를 비교할 때, 생산 대수 내수 시장 점유율, 매출액과 영업이익 측면에서 그 격차는 현저하게 나타나 향후에도 쉽게 격차가 좁혀지지 않을 것으로 예측된다.

김대중 정부의 대우자동차 해외 매각은 헐값 매각에 따른 국부 유출 논쟁과 단순 생산하청기지화의 문제점을 남겼다. GM은 대우자동차의 생산 모델을 중국에 되팔아 상당한 수익을 얻었다.

당시 정부의 전략 부재로 인한 대우자동차 해외 매각 정책은 도요타자동차와의 경쟁에 밀려 공장을 폐쇄한 호주 GM, 뉴질랜드 포드 사례와 같이, 지속적인 R&D는 하지 않고 단기 수익에만 치중하다 가격·기술 경쟁력에 밀려 처분될 수 있는 국제 단순 하청기지의 한계를 고려하지 못하였다.

4

자동차산업 혁신과 글로벌화
(2000년대~현재)

기술과 품질 혁신

정책 환경의 변화

글로벌화

기술과 품질 혁신

1997년 IMF 외환위기를 전후하여 현대자동차가 당면한 문제는 품질이었다. 1989년을 전후하여 품질로 인해 북미 시장으로의 수출량이 급감하였고, 미국 시장에서 퇴출당할 위기에 처하게 되었다. 현대자동차의 품질로 인한 미국 시장 퇴출은 한국 자동차산업의 사활과 직결되는 문제였다.

현대자동차는 1999년 기아자동차 인수를 마무리하고 2000년 현대자동차그룹으로 새롭게 출발하였다. 현대자동차를 이끌어 왔던 정세영 회장이 물러나고, 창업자 정주영의 아들인 정몽구(1938~)•가 회장으로 취임하였다. 그는 수출 감소의 주원인이었던 '품질' 문제 해결을 위해 '품질경영'을 타협할 수 없는 가치로 내세웠다.

정몽구 회장은 품질 회의에서 생산 또는 개발 중인 차량을 직접 손으로 만져 보게 하며 품질 개선에 총력을 기울였다. 그는 과감하게 생산라인을 멈추고, 우수한 품질 수준 확보에 최우선의 가치를 두었다. 이를 위해 부품 업체와 함께 북미 품질조사단을 꾸려 미국 현지의 품질 문제를 파악하였다. 또한

정세영과 정몽구: 맏형 정주영 회장에 의해 1967년 현대자동차의 사장에 취임하였던 정세영 사장은 32년간 현대자동차의 성장에 기여하였다. 정세영은 1996년 당시 34세였던 아들 정몽규를 현대자동차 사장직에 앉히고 경영권을 물려 주고자 하였다. 그러나 맏형 정주영은 기아자동차 인수에 반대하였던 정세영과 정몽규를 물러나게 하고, 자신의 친아들 정몽구(1998년 당시 60세)에게 현대자동차의 경영권을 맡겼다. 대신 정세영과 정몽규에게는 아파트 건설을 주요 사업으로 하는 현대산업개발을 물려주었다.

품질총괄본부를 운영하여 품질 결함 발견과 개선이 전사적으로 진행되도록 하였다. 부품 업체 선정 시에는 연고주의를 배제하여 품질 확보가 우선되도록 하였다. 현대모비스를 통한 부품의 모듈화도 품질 향상에 기여하였다.

현대자동차는 우수한 품질의 부품을 조달받기 위해 1차 부품 업체를 대상으로 '5스타제'를 도입해 운영하였다. 부품의 품질과 생산성, 기술 수준을 평가하여 기준 이상 점수를 획득한 업체만 협력 업체로 선정하고 현대자동차 본사와 거래할 수 있도록 하는 제도였다. 2003년 남양종합기술연구소를 설립하여 설계단계 품질과 기술력을 높여, 부품 업체와 함께 신차 개발에도 힘을 쏟았다.

현대자동차 품질경영의 목표는 최종적으로 세계 최고 품질의 신차 개발과 생산이었고, 세계 시장에서 고객평가 최상위의 순위를 달성하는 것이었다. 1986년 미국 시장에 처음 진출한 엑셀의 초기 신차 품질은 자동차 100대당 결점 수가 314개였다. 품질경영 이후 2004년에는 102개로 결점 수를 줄여, 도요타자동차의 결점 104보다 낮은 결점을 기록하였다(현영석·정규석 2014).

현대자동차는 경쟁사들이 '2년 2만 4,000마일 보증수리' 제도를 운영하던 시점에 '10년 10만 마일 무상보증수리'라는 품질보증 마케팅으로 북미 시장에서 재기의 발판을 마련하였다.

2009년 출시된 중형차 YF쏘나타에 '플루이딕 스컬프처'(fluidic sculpture)• 개념을 적용하여 물 흐르듯 자연스럽게 이어지는 유연함과 리듬감을 지닌 독특한 디자인 테마를 강조하였다. 제네시스(Genesis)는 '플루이딕 스컬프처 2.0'으로, 대중적인 이미지에서 벗어나 고급 브랜드 이미지로 전환하였다.

플루이딕 스컬프처: 유연한 역동성을 강조한 현대자동차의 디자인 철학.

현대자동차는 1990년부터 미래형 저공해 및 무공해 자동차 개발을 위해 전기차 연구에 도전하였다. 1991년 쏘나타 전기차부터, 1992년 엑셀 전기차, 1996년 엑센트 전기차, 2000년 싼타페 전기차를 시험 개발하고, 2011년 양산형 블루온 전기차를 출시하였다.

2016년 현대자동차는 친환경 전용 모델인 아이오닉(Ioniq)을 출시하고, 하이브리드(Hybrid), 플러그인 하이브리드(plug-in hybrid), 배터리(battery) 전기차의 다양한 친환경 파워 트레인(power train)을 장착한 모델을 판매하였다. 2021년 전기차 전용 플랫폼

현대자동차 플루이딕 스컬프처 2.0 적용 제네시스(2013)
자료: 자동차모빌리티산업관.

E-GMP를 적용하고 장거리 주행과 초고속 충전이 가능한 아이오닉5 모델로 북미와 유럽 시장에서 판매량을 늘려 갔다. 2018년에는 수소연료전지차 양산 모델 넥쏘(Nexo)를 출시하였다.

정부와 민간의 연구 개발 투자 지원과 현대자동차의 미래차 개발 성과로, 2017년부터 2019년까지 기간 한국의 친환경 차 수출은 약 60억 달러를 기록하였다. 전기차와 플러그인 하이브리드 차량 수출 증가세가 두드러지고 있다.

정책 환경의 변화

2000년 이후 국내 자동차 보급 대수가 1,200만 대를 넘어서고 지구온난화와 기후위기 문제가 국제사회의 주요 이슈로 떠오르면서, 자동차에서 배출되는 온실가스에 대한 규제가 강화되었다.

2015년에는 지구온난화에 대응하여 전 세계 국가가 온실가스 감축을 의무적으로 수행하도록 하는 파리기후협약을 체결하였다. 한국은 이미 2008년에 정부 차원에서 「기후변화대응 종합계획」을 수립하고, 2010년에는「저탄소 녹색성장 기본법」을 제정하여 기후변화에 적극적으로 대처해 왔다.

환경부는 2018년「자동차 배출가스 등급 산정 규정」을 국내에서 운행되는 모든 차량에 적용하고, 배출가스 수준을 5등급으로 분류하여, 미세먼지 과다 시 5등급 차량의 운행을 제한하였다.

국토교통부는 스마트시티 국가 시범 도시와 수소 도시 사업을 추진하고, 수소충전소 보급 확대, 자율주행차 레벨3• 기반 구축을 통한 모빌리티 혁신 사업으로 자율주행차 서비스의 조기 확산을 목표로 교통 정책을 펼치고 있다.

산업통상자원부는 해외 주요국의 친환경차 보급 확대 정책에 맞추어, 미래차 글로벌 3강 전략을 통해 전동화 글로벌 톱 티어, 자율주행 및 모빌리티(mobility) 신산업 창출을 위한 산업 정책을 추진하고 있다.

자율주행차 레벨3: 자율주행차 레벨3 단계는 조건부 자동화 단계로, 고속도로에서 운전자의 개입 없이 자동차가 스스로 주행하고 운전자는 다른 활동을 할 수 있는 단계이다. 일정 상황에서 운전자는 직접 운전을 해야 한다. 레벨2는 주행보조시스템이 운전자의 운전을 보조하지만, 운전자는 항상 운전대에 손을 얹고 있어야 한다.

한국의 친환경 차 보급 정책으로 전기차, 수소연료전지차, 하이브리드차의 신규 등록 대수가 증가하고 있다. 국토교통부의 자료에 따르면, 2018년 이후 친환경 차의 비중은 갈수록 증가하고, 내연기관차의 비중은 지속적으로 감소하고 있다. 2023년 하이브리드차의 등록 비중이 늘어나, 온전한 '넷 제로'(Net Zero)를 실현하기 위한 정책적 변화가 요구되고 있다(신힘철·정민 2022).

한국 정부는 온실가스 감축과 함께 세계 친환경 차 시장 선점을 위해 친환경 차 보급 확대 정책과 산업 활성화를 위한 여러 정책을 펼쳐 왔다.

2019년 '미래자동차 산업발전전략', 2021년 '제4차 친환경 자동차 기본계획'을 세우고, 전기차 및 수소연료전지차 구매보조금 지원 및 충전소 설치, 취등록세 감면 등의 세제 지원, 기술 개발 지원 등 세부 정책을 시행하였다.

스마트카(smart-car) 관련 정책계획으로는 2022년 국토교통부에서 발표한 '모빌리티 혁신 로드맵'과 '제3차 자동차 정책 기본계획'이 있다. 관련 법령으로 2020년 제정된 「자율차법」, 2021년 「생활물류법」이 제정된 상태이다.

자율주행자동차(autonomous vehicle)• 기반의 대중교통 체계 전환을 위한 실증 규제 특례와 임시 운행을 허가하였고, 자율주행 서비스 사업을 2024년부터 추진하고 있다. 또한 사고 없는 자율주행 환경을 조성하기 위해 지능형 교통체계 C-ITS를 강화하여, 차량·도로 간 통신 인프라 구축 사업을 펼치고 있다.

> **자율주행자동차:** 자율주행을 위해 자동차에 IT·센서 등 첨단기술을 융합하여 스스로 주변 환경을 인식, 위험을 판단하고 주행 경로를 계획하여 운전자 또는 승객의 조작 없이 안전한 운행이 가능하도록 한 자동차이다(산업통상자원부 보도자료 2021. 3. 24).

또한 실시간 갱신되고 유통되는 고정밀 도로지도 구축 사업, 자율주행 전문기업 육성, 도심 항공교통 모빌리티 서비스를 위한 실증 사업과 법제도를 정비하고, 스마트 물류 기반 무인 배송을 위한 실증 및 상용화 지원, 물류 인프라 디지털 전환, 스마트시티 사업을 추진하고 있다.

글로벌화

현대자동차는 1995년 WTO 설립 이후 비관세 보호무역 장벽을 넘어서고자, 주요 시장인 미국, 중국, 인도에 해외 현지 생산공장을 빠른 속도로 준공하였다. 그 후 2000년 기아자동차를 통합한 현대차동차그룹은 2001년 '글로벌 Big5 전략'을 수립하고,

신흥국 시장을 주요 거점으로 하는 해외 생산 거점 확보 전략을 추진하였다.

1997년 튀르키예에 연산 10만 대 규모의 공장을 설립한 이후, 1998년 인도, 2002년 중국 베이징, 엔청, 2005년 미국 앨라배마, 2006년 슬로바키아, 2008년 체코, 2009년 미국 조지아에 공장을 설립하였다. 2010년에는 러시아, 2011년 브라질 등에도 현지 공장 설립을 이어 나갔다.

선진국에서는 자동화 수준을 높여 생산성을 증대하고, 중국 등 개발도상국에서는 저임금 현지 인력을 활용하여 영업이익률을 높였다. 현지 선호 스타일의 신차 개발과 공장 운영은 2010년 현대자동차그룹이 국내외 공장에서 577만 대를 생산하는 데 기여하였다. 특히, 노사관계가 원활하지 못한 상황에서 노동생산성 대신 시설과 설비에 투자하여 자본생산성을 높이는 경영 전략을 추구하였다.

현대자동차에 부품을 공급하는 현대모비스는 현대자동차와 기아자동차에 모듈 단위의 부품 납품을 통해 수십 개의 부품을 하나로 통합하고 시스템화하여 품질을 이중점검하고, 작업 공수를 줄였다. 새시 모듈, 운전석 모듈 등 자동차 부품을 여섯 가지로 나누어 부품공급망 관리를 확대하였다.

현대자동차는 자동차의 핵심 부품인 가솔린엔진 부문에서 1994년 알파엔진 개발 이후 2012년 뉴엔진 개발까지 총 13개의 소형 엔진과 대형 엔진을 자체 개발하였다. 또한 다단 자동변속기와 함께 승차자 안전을 담보하는 차체설계 기술을 산학연 협동과제로 연구 개발하는 데 성공하여, 미국 시장에서 쏘나타와 산타페가 가장 안전한 차량으로 선정되는 성과를 거두었다.

품질, 기술, 안전, 서비스에 만전을 기한 현대자동차는 2015년 고급 브랜드 '제네시스●'의 독립을 선언하고, 도요타, 벤츠(Benz)와 경쟁하였다. 이를 통해 1986년 소형차로 북미 시장에 진출한 이후 고급 대형 차종까지 풀 라인업을 갖추어 세계 자동차 시장의 선두 경쟁에 돌입하였다.

현대자동차그룹은 2012년 700만 대의 자동차를 생산·판매하여 단일 그룹으로 세계 5위 수준에 올라섰다. 2023년에는 730만 대를 생산·판매하여 도요타자동차와 폭스바겐에 이어 전 세계 3위, 영업이익률 1위를 달성하였다. 한편, 2012년 이후 현대자동차의 해외 생산이 국내 생산을 추월하여, 현대자

제네시스: 현대자동차 제네시스(Hyundai Genesis)는 프리미엄 세단을 지향하며, 2003년부터 개발에 착수하여 2008년 출시된 대형차이다. 도요타 렉서스, 벤츠 등 해외 고급 브랜드의 차종과 경쟁하기 위해 현대자동차는 디자인, 성능에 심혈을 기울였다. 제네시스는 세단에서 SUV, 전기차까지 라인업을 구축하며 현대자동차의 주력 수출 모델로 자리 잡았다.

동차의 성장이 곧 국민경제 성장과 동조하지 않는 디커플링(decoupling) 현상이 나타나기 시작하였다.

5

이슈와 과제

패러다임 변화

2010년대 이후 지구온난화 방지를 위한 각국의 탄소중립 정책으로, 내연기관 자동차 중심에서 친환경차로 자동차산업의 패러다임(paradigm)•이 급변하였다. 또한 디지털화(digitalization)로 인한 기술혁신은 자동차산업을 자동차·사람·사물의 인터넷 연결(connectivity), 자율주행(autonomous), 모빌리티 서비스(shared & service), 전동화(electrification)로 요약되는 CASE로 미래차 전환을 앞당기고 있다.

특히, 모빌리티 서비스는 MaaS(mobility as a service)로 알려지며, 로봇택시, 무인 버스 셔틀, 화물 군집트럭, 로봇 물류 배송 등 새로운 운송 서비스로 확대되고 있다. 그뿐만 아니라, 개인이 집을 나서 목적지에 도달할 때까지 스마트폰 앱을 통해 최적의 운송수단과 루트를 제공받는 서비스가 사업화된다. 차량의 소유가 아닌 다양한 운송수단의 공유 서비스로 MaaS 생태계가 확장되고 있다.

모빌리티 서비스 중 목적 기반 자동차 PBV (purpose built vehicle)는 단순한 형태의 전용 하부 플랫폼에 다양한 컨셉의 상부 구조를 바꿔 가며 이용자

패러다임: 1962년 미국의 과학철학자 토머스 쿤이 그의 저서 『과학혁명의 구조』에서 처음 사용한 단어로, 특정 시대 사람들의 견해와 사고를 지배하는 이론적 틀 또는 개념의 집합체를 뜻한다. 사례, 본보기 등을 의미하는 그리스어 '파라데이그마'(paradeigma)를 어원으로 한다. 토머스 쿤은 새로운 개념과 이론은 축적에 따른 점진적 진보가 아닌 새로운 패러다임의 전환에 의해 이루어진다고 설파하였다. 자동차산업의 패러다임 전환은 자율주행, 전동화, 스마트폰으로도 조작 가능한 연결성을 주요 특징으로 하며, 내연기관차와 차별되어 탄소배출 없이, 전기와 수소를 주요 동력원으로 하는 친환경 차로의 전환을 의미한다.

의 목적에 맞게 변형할 수 있다. PBV는 중장거리 수송용 군집 주행 서비스를 수행할 수 있다. 또한 도심항공 모빌리티는 소비자가 집에서 UAM(urban air mobility)• 으로 최종 목적지까지 효율적이고 안전하게 인력과 화물을 수송할 수 있다.

UAM: 주요 도심, 도시와 도시 간, 공항과 주요 도시 간 사람과 화물을 전기 수직이착륙기, 유무인 드론 등의 운송수단을 활용해 운반하는 항공 모빌리티를 나타낸다.

친환경 디지털 혁신의 영향이 큰 자동차산업에서 미래차는 전기동력차와 자율주행차로 분류할 수 있다. 전기동력차는 배터리전기차, 플러그인 하이브리드 카, 수소연료전지차, 태양광전기차로 구분한다. 전기동력차는 탄소 배출이 0에 가깝다.

자율주행차는 운전자 조작 없이 특정 지역과 기상 조건에서 사람을 목적지까지 운송해 주는 레벨 4가 상용화되고 있다. 미국 구글 웨이모(Waymo)는 애리조나주 피닉스(Phoenix)에서 무인 로보택시 서비스를 상용화하고, 테슬라(Tesla)는 오토파일럿(autopilot)으로 고속도로에서 레벨 4 수준의 서비스를 제공하고 있다.

중국의 바이두(Baidu)는 레벨 4의 로보택시 유료 서비스를 베이징과 상하이에서 실행하며 상용화를 앞두고 있다. 통신기업인 화웨이(Huawei)는 자율주행 칩과 소프트웨어(software) 개발을 선도하고, 디디

추싱(Didi Chuxing)은 자율주행 기반의 차량 공유 서비스를 준비하고 있다. 현대자동차, 네이버(Naver), 카카오모빌리티(Kakao Mobility)도 레벨 3~4 수준의 자율주행차로 서울 상암동, 테헤란로, 세종시 등에서 시범 운행을 하며 데이터를 축적하고 있다.

미국은 연방정부가 자율주행 가이드라인을, 교통안전국에서 안전성 평가 기준을 마련하고, 민간 기업이 주도적으로 자율주행 상용화를 위해 투자하고 있다. 중국은 정부 주도의 적극적인 지원 정책으로 데이터 수집과 활용에 대한 규제를 완화하였다. 한국 정부는 2021년 자율주행차 상용화 촉진 및 지원에 관한 법률로 점진적 규제 완화와 시범운행지구 운영을 허용하였다.

자율주행차는 무인 택시, 공유 택시, 드론, 드론 택시의 이동수단과 차량 결제 시스템 및 인포테인먼트, AI 서비스 등의 서비스로 분화되고 있다. 자율주행차는 사람의 부주의로 인한 교통사고 사망자 수를 대폭 감소시키고, 대도시에서는 교통체증을 줄이고 이동시간을 단축하며, 인구소멸 지방에서는 자율주행 서비스로 주민 생활편의 도모와 함께 지방정부의 재정 부담을 완화시킨다.

최근 완성차 업체들은 탑승자의 안전과 편의 제고를 위해 소프트웨어 정의 자동차(software defined vehicle: SDV)를 개발하고 있는데, 소프트웨어가 다양한 전장 부품의 기능을 통합적으로 제어할 수 있다. SDV는 자율주행 기술, 모빌리티 기술, 인포테인먼트, 하드웨어, 원격 소프트웨어 업데이트, 각종 제어 임베디드 시스템을 포괄하는 기능을 탑재한다.

세계 자동차산업 재편

세계 자동차산업에서의 경쟁 구조가 바뀌고 있다. 내연기관차산업에서 낮은 경쟁력을 지녔던 중국이었으나, BYD와 Geely가 전기차 생산 및 수출 1, 2위로 올라섰기 때문이다. 2024년 기준 글로벌 전기차 시장에서 중국 BYD는 시장점유율 1위로 20.8%, 2위 Geely가 10.7%, 10위권 내 5개의 중국 자동차 기업이 총시장점유율 44%로, 3.3%를 기록한 9위 현대자동차그룹을 월등히 앞서고 있다.

이러한 성과는 중국 정부의 신에너지차 정책 및 구매 보조금 지원 정책에 힘입어, 글로벌 자동차 생산과 판매에서 각각 3,000만 대 이상을 기록하며 2017년 이후 연속 세계 1위를 차지하고 있다. 2024년 자동차 수출 부문에서도 중국은 약 420만 대 수출의 일본을 제치고 연간 500만 대 이상을 수출하여 세계 자동차 수출국으로 올라섰다. 한국의 자동차 수출은 약 278만 대를 기록하였다.

중국 자동차 시장에서 전기차는 1,000만 대 이상 판매되어 45.3%를 차지하고 있다. 이 중 중국 내셔널 브랜드 BYD, Geely 등이 80.6%를 점유하여 테슬라를 제치고 독점적 지위를 확보하고 있다 (KOTRA 2025).

중국 정부는 탄소중립을 위해 2016년 '신에너지·에너지절약형 자동차 기술 로드맵'을 발표하고, 세계 수소차 시장 도약 목표를 밝혔다. 2017년 미래차 고도화를 위한 「자동차산업 중장기 발전계획」을 통해 중국 완성차와 부품 회사를 2025년까지 글로벌 TOP 10에 진입시키기 위한 정책 지원을 실행해 왔다. 국산 배터리를 장착한 자국 전기차 업체에게 보조금을 지급하고, 자국산 전기차 구입 시 소비자에게도 보조금을 지급하는 강력한 정책을 펼쳐 왔다.

미국은 중국 전기차 대상 122.5%의 관세를, EU는 최대 45.3%, 튀르키예는 최대 60%의 고관세를 부과하고 있다. BYD는 미국을 포함한 각국의 관세 및 비관세 장벽을 넘어서기 위해, 동남아시아, 유럽에서 해외 현지 공장을 운영하고, 북미 멕시코 공장 설립도 검토 중인 것으로 알려졌다. 중국 업체들도 글로벌화를 성장 전략으로 채택하고 있다.

2024년 세계 완성차 판매 시장에서 중국은 약 3,143만 대로 1위, 미국이 1,649만 대로 2위, 인도가 약 522만 대로 3위, 일본은 약 440만 대로 4위, 독일이 약 314만 대로 5위를 기록하였으며, 한국은 약 167만 대로 전 세계 59개국 가운데 12위를 차지하였다.

또한 2024년 완성차 그룹 기준 세계 판매량 순위에서 일본 도요타자동차가 약 1,009만 대로 1위, 독일 폭스바겐이 약 858만 대로 2위, 현대자동차그룹이 688만 대로 3위를 기록하였다. 상위 10위권 완성차 그룹 순위에서 7위 BYD가 452만 대, 10위 Geely가 약 347만 대를 판매하였다.

2024년 전기차(BEV) 모델별 글로벌 판매량에서 테슬라 모델 Y가 약 117만 대로 1위를 차지하였고,

2위는 테슬라 모델 3로 53만 대, 3위는 BYD Seagull로 약 45만 대이었다. 현대자동차의 아이오닉5는 약 10만 대가 글로벌 시장에서 판매되었다(KATECH 2025).

미국은 IRA(Inflation Reaction ACT)법•을 통해 미국과 우호국에서 생산된 소재를 사용한 전기차 배터리에 한하여 보조금을 지급하는 정책을 펼치고 있다. EU는 CRMA(Critical Raw Materials Act)법 시행으로 전략원자재 수요 중 일정 비율을 역내 채굴·가공·재활용하고, 특정 국가에 대한 의존도를 낮출 것과 공급망을 다변화하는 것으로 중국 전기차를 견제하고 있다.

미국의 IRA법: 미국의 「인플레이션 감축법」(Inflation Reduction Act)은 물가상승 억제와 기후변화 대응을 위해 제정된 미국 연방법이다. 미국에서 최종 조립된 전기차, 북미에서 생산된 일정 비율 이상의 광물과 부품이 들어간 배터리를 사용하지 않으면, 미국 정부의 전기차 세액공제 대상에서 제외된다.

일본 자동차산업의 글로벌 생산량은 2024년에 2,410만 대를 기록하였다. 2024년 판매량은 2,453만 대로 집계되었으며, 이 중 해외 판매 비중은 약 83%를 차지해 압도적으로 높다. 따라서 미국 트럼프 정부가 15%의 관세를 부과하더라도 피해 수준은 약 0.2% 수준에 머물 것으로 예측된다.

일본 도요타자동차 등 완성차 업체는 하이브리드 차량 생산에 중점을 두고, 일본 정부는 SDV를 포함 30% 수준 글로벌 시장점유율 확보를 목표로,

산학연관 공동연구와 협업을 주도하고 있다. 모빌리티 디지털 전환을 위해 완성차 업체 간, IT산업 등 타산업과의 전략적 파트너십을 구축하고, 중국 시장을 겨냥하여 중국 업체와의 협업을 통해 비즈니스 영역을 확장해 나가고 있다.

당면 과제

미래차 산업의 패러다임 변화는 세계 자동차산업을 전동화, 자율주행, 모빌리티 서비스로 급격한 전환을 불러왔다. 이러한 변화는 내셔널 브랜드 현대자동차그룹의 세계 3위 생산 입지를 흔들며 위기로 다가오면서 새로운 기회를 제공하고 있다.

국내 자동차산업이 글로벌 자동차 시장에서 중국, 일본, 미국 완성차 업체와 경쟁하며, 미래 모빌리티 산업을 주도하기 위해서는, 차량용 반도체와 배터리 등을 포함하는 전장 부품과 차량용 SW를 생산하거나 개발하는 부품기업의 경쟁력이 높아져야 한다. 국내 공급 업체들이 고부가가치의 전장 부품, 소프트웨어 업체로 변환하여 강력한 경쟁력을 보이고 있는 중국 전기차 업체를 따라잡기 위해서는 규제 완화와 R&D 지원을 포함한 정부의 강력한 산업 정책이 필수적이다.

먼저, 미래차의 전동화와 자율주행으로 인해 기존 내연기관차 중심으로 쌓아 왔던 현대자동차그룹의 세계 생산 판매 3위의 위상은 중국 전기차 업체들의 월등한 경쟁력으로 인해 축소 조정될 수 있다. 현대자동차그룹은 현대모비스(Hyundai-Mobis)를 통해 파워트레인, 전장 부품, 센서 분야에서 내재화(internalization) 비율•을 높이고, 미국 Aptiv와의 합작법인 Motional을 통해 자율주행, 로봇기술, 자회사 Supernal을 통해 도심항공 모빌리티 기술 업그레이드를 추진하고 있다.

내재화 비율: 자동차 전장 부품, 센서 등의 내재화는 전기·전자 부품을 자체적으로 설계, 개발, 생산하는 것을 나타낸다. 이를 통해 소재와 부품의 공급망 안전성 확보, 기술 경쟁력 강화, 생산 비용 절감을 이룰 수 있다.

미래차의 전동화와 관련하여 반도체 분야에서 세계적 기업인 삼성은 하만(Harman)과의 합병을 통해 자동차 전장 분야에도 진출하였으며, 미국 엔비디아(Nvidia)에 자동차용 반도체도 납품하고 있다. 또한 LG도 미국 GM의 전기차 볼트의 90% 가까운 부품을 납품하였고, LG-Magna 합작법인을 운영하고 있다.

급변하는 미래차 시장에서 가격·성능 면의 경쟁력을 잃는다면 그간 쌓아 온 시장점유율은 쉽게 회복하기 어렵다. 한국의 자동차산업은 전후방산업 연관효과와 직·간접 고용으로 국민경제에 미치는 영향이 큰 국내 주력산업이다.

따라서 현대자동차 기업 단위의 생존 전략보다 정부 주도하에 연구 개발 지원과 함께, 소프트웨어 인력 부족과 전장 분야 하드웨어와 소프트웨어의 부족한 경험을 극복하기 위해 현대자동차, 삼성전자, SK하이닉스, LG전자가 한데 모여 협업하고 연구성과를 공유하도록, 일본 디지털 전환 사례를 벤치마킹할 필요가 있다. 미래차 전환은 국가 간 경제 전쟁이나 다름없으므로, 기업 단위의 문제를 넘어선다. 대기업 간 협업으로 네이버, 카카오, 스타트업 등 IT 기업도 자율주행 모빌리티 서비스에 활용되는 공유 데이터 거버넌스(governance) 구축•에 수월하게 접근할 수 있다.

공유 데이터 거버넌스 구축: 데이터 표준화, 책임 명확화, 정책 및 프로세스 수립을 통해 데이터의 품질, 보안, 규정 준수 및 활용을 체계적으로 관리하는 것을 의미한다. 데이터 산업 활성화를 위해 데이터 생산 및 활용, 폐기의 전 주기를 관리하고, 관련 정책을 통해 데이터 표준화, 프로세스, 데이터 공유와 책임을 명확히 해야 한다.

한편, 기존 부품 업체의 미래차 전환 지원과 연구 개발을 담당할 전문 연구인력 양성이 시급하다. 그간 문제 해결을 위해 적지 않은 정부 예산이 투입되었다. 그러나 여전히 미래차 전환에 성공한 중소기업 성과가 부진하다. 전문인력 양성에도 불구하고, 현대자동차뿐만 아니라 R&D 예산을 투입하는

100여 개사에 이르는 부품협력 업체조차 소프트웨어 인력 부족을 호소한다. 그간의 미래차 예산 투입 사업을 모니터링을 하며 성과를 담보하는 보완 정책이 펼쳐져야 한다.

자동차 부품산업에서 수직적 원하청 관계와 임금의 이중 구조 격차 심화로 사회 문제화되고 있다. 완성차 대기업은 기업 내 노동조합의 임금 인상 요구를 지속적인 부품 가격 인하를 통해 부품을 납품하는 하청기업에게 전가해 왔다. 이는 대기업 노동자들의 고임금과 하청중소기업의 저임금 간의 임금 격차를 이루어, 자동차산업 내 임금과 고용의 이중 구조를 형성하였다.

완성차 업체와 부품 업체 간 임금 격차는 1990년 완성차 임금 100일 때 부품 업체 전체의 임금 수준은 61.2에서, 2001년 53.1, 2019년 37.1~41.3으로 더 벌어지는 추세이다(문영만 2022). 완성차와 부품기업 간 관계 개선과 임금 격차 해소를 위한 지속적인 관심과 정책적 접근이 요청된다.

한국 자동차산업 노사관계는 1960~1970년대의 종속적 노사관계에서 1987년 대립적 노사관계로 변화되었다. 이후 1997년 IMF 외환위기를 겪으며 노사관계는 조합원들의 경제적 실리주의를 충족시키는 선에서 타협이 이루어져 왔다. AI와 로봇의 사용으로 작업 현장 자동화율이 높아져 가고 있는 시대에, 글로벌화 과정에서 국내 생산 현장의 유지·발전을 위한 상생의 노사관계가 필요하다.

결론

한국 자동차산업은 1960년대 정부 주도의 산업정책 시행착오를 겪으며 부품 국산화와 생산 역량을 축적하였다. 1974년 「장기자동차공업진흥계획」을 확정하고 고유 모델 개발과 양산에 성공하여 완성차 수출을 시작하였으며, 2000년대 이후에는 글로벌화에 도전하여 현대자동차가 세계 3위 생산 업체로 올라서는 성과를 거두었다.

전동화, 자율주행, 모빌리티 서비스로 대변되는 미래차 패러다임 전환은 중국 전기차 업체의 부상과 함께 한국 자동차산업에 위기와 기회를 동시에 안겨 주고 있다. 한국 자동차산업은 세계 3위 수준의 자동차 제조 생산 기업 현대자동차가 있고, 반도체, IT 분야의 세계적 기업인 삼성전자, SK하이닉스, LG전자가 함께 하고 있는 강점이 있다. 그러나 중국, 미국, 일본 등 경쟁국에 견주어 내수 시장, 전문인력, 자본 규모가 상대적으로 작다는 약점도 있다.

위기는 정부와 기업이 극복하고자 할 때 기회가 된다. 1970년대 톱다운 고유 모델 소형차 양산을 통한 수출 방향을 제시하고 지원한 정부 주도-기업 추종 전략인 「장기자동차공업진흥계획」의 성공 사례가 있다. 중국 정부는 이를 벤치마킹하여 강력한 신에너지차 산업 정책과 천인 인재 정책으로 글로벌 전기차 시장 선두에 서 있다.

국내 대기업과 대기업 간, 대기업과 중소기업 간 협업을 통해 미래차 전환의 파고를 넘어설 시너지를 일으켜야 한다. 함께 고생하여 얻은 성장의 열매를 기업, 대중소기업 노동자, 소비자가 고르게 분배받을 수 있는 R&D, 임금 격차 해소, 산학연계 인력양성 산업 정책이 요청된다.

국내 자동차산업에서 낮은 시장점유율을 차지하며 철수와 존폐의 위기를 맞닥뜨리고 있는 중견 3사의 상황도 고려해야 한다. 한국지엠과 르노코리아(Renault Korea)는 외국계 대주주가 경영권을 행

사하고 있다. 지역에서 상대적으로 높은 임금을 받고 있는 완성차 업체 노동자들임에도 불구하고 외국계 다국적기업의 철수설은 패배의식을 안겨 주고 있다. 지역경제 활성화 차원에서 R&D 센터 지원과 함께 기업 본연의 신차 개발을 요구해야 한다. 또한 한국지엠과 르노코리아는 중국 자본이 직접 지분을 보유하고 있으므로, 이에 대한 모니터링도 강구되어야 한다.

살기 좋은 나라, 세계인과 함께 마음껏 노래 부를 수 있는 자유는 자동차, 철강, 조선, 반도체 같은 제조업이 살아 있어야 뒷받침된다. 미래차 전환은 한국 자동차산업이 성취해 낼 도전 과제이다.

나가며

내수 시장 규모도 작고, 자본과 기술도 부족하였던 한국에서 자동차산업은 어떻게 2024년 기준 세계 7위의 자동차 생산량을 기록할 정도로 성장할 수 있었을까? 더 나아가, 2022년 이후 현대자동차의 국내외 생산은 일본의 도요타, 독일의 폭스바겐 그룹에 이어 세계 3위를 차지하고 있는데, 압도적 내수 시장을 기반으로 전기차 시장에서 폭발적 성장을 하고 있는 중국에 밀리지는 않을까?

1962년 「자동차공업보호법」 제정으로 시작된 자동차산업 육성 정책은 해외 KD 수입 부품 조립 생산을 수행한 완성차 업체를 중심으로 부품 업체의 부품 완전 국산화를 목표로 하였으나, 10년 가까이 실패와 시행착오를 겪었다.

KD 부품을 제공하는 GM과 도요타자동차의 잦은 모델 변경의 폐해를 꿰뚫고, 1970년 고유 모델 기반 한국 소형 승용차 제작의 필요성을 제기한 KIST 김재관 박사 팀은 자동차산업 발전의 새로운 시대를 열었다.

김재관 박사는 독일 뮌헨공대에서 금속공학을 전공하고, 포항제철 설계도 작성과 대일협상, 「장기자동차공업진흥계획」 작성에 참여하였다. 미국 미시간대학에서 조선공학을 전공한 김훈철(1933~2023) 박사는 영국 자본과 기술 도입을 주선하며 대형 유조선 건조를 주창하였다. MIT에서 기계공학을 전공한 이경서(1938~) 박사는 국방과학연구소로 이직하여 미사일 개발을 주도하였다.

KIST의 연구자들은 이승만 정부의 인재 해외 유학 정책의 수혜자였다. 이들은 박정희 정부 때 등용되어 1960년대 실패를 반복하던 철강, 자동차, 조선, 방위 산업이 성공의 길로 들어서는 데 헌신하였다. 2025년 현재 철강, 자동차, 조선, 방위 산업은 글로벌 경쟁력을 갖춘 한국의 주력 산업이다.

현대자동차의 기술과 품질 혁신, 글로벌화를 이끈 정주영·정세영·정몽구 일가의 기업가로서의 역할은 지대하다. 그러나 정부와 과학기술자의 전폭적인 지원과 헌신이 없었다면 현대자동차가 홀로서

기를 할 수 있었는지 의문이 든다. 투자, 기술, 정책 지원 등 여러 측면에서 말이다.

전기차와 자율주행차로 압축되는 미래차로의 패러다임 변화 시기에 현대자동차는 살아남을 수 있을까? 소프트웨어와 하드웨어, 인공지능, 자동차용 고성능 칩 생산을 담당할 인재 양성과 효율적 산업 정책은 정부의 몫이다. 작은 내수 시장, 부족한 인재를 활용하여 시너지를 내기 위한 현대자동차와 삼성·SK·LG·한화 등 대기업의 협력은 미국과 중국의 압력 속에 선택이 아니라 필수 사항임을 강조하고 싶다.

참고문헌

고문수(2021), 『한국자동차부품산업』, 도서출판 SUN.

곽기호(2019), 「한국 자동차 산업의 태동과 KIST: '장기자동차공업진흥계획'과 승용차 고유모델 '포니'의 탄생을 중심으로」, 『기술혁신연구』 27(5), 39~73.

국가기록원(2015), 『주요 정책기록 해설집: 중화학공업』.

기아자동차(1994), 『기아자동차 50년사』, 천일인쇄.

김명진 외(2011), 『한국문화사 4권: 근현대과학기술과 삶의 변화』, 국사편찬위원회.

김재관(1996), 「한국형 고유모델 승용차 정책의 기적」, 『한국정밀공학회지』 13(3), 1~5.

김주곤·고문수(1996), 『협동조합 근무30년』, 한국자동차공업협동조합.

김천욱(2002), 「한국자동차공업사초 19」, 『한국자동차공학회지』 24(1), 15~19.

_____(2022), 『한국 자동차산업 발전사』, 도서출판 해남.

류석진(1994), 「자동차산업정책을 통해 본 국가성격변화」, 『한국정치연구』 4, 173~209.

문영만(2022), 「자동차 산업의 대·중소기업 간 임금격차 해소방안에 관한 연구」, 『한국자료분석학회』 24(2), 735~750.

민경휘(1982), 「자동차공업의 문제점과 육성방향」, 산업연구원.

박원장·이권형(2005), 『한국자동차산업50년사』, 한국자동차공업협회.

산업통상자원부(2021), 「자동차 부품기업 미래차 전환 지원전략」.

_____(2022), 「자동차 산업 글로벌 3강 전략」.

산업통상자원부·한국공학한림원(2020), 『한국산업기술발전사 운송장비』, 진한엠앤비.

상공부(1973. 6), 「자동차공업 장기진흥계획(안)」.
_____(1973. 8), 「장기자동차공업진흥계획」.
_____(1974), 『장기자동차공업진흥계획, 한국형 소형승용차의 양산화』.
송성수(2021), 「현대자동차의 알파프로젝트 추진과정과 그 특성에 관한 역사적 분석」, 『한국민족문화』 78, 351~382.
신장섭(2014), 『김우중과의 대화』, 북스코프.
신힘철·정민(2022), 「세계 친환경차 보급 동향 및 주요 환경규제 정책에 따른 시사점」, 에너지경제연구원.
오원철(2002), 『한국형 경제건설 4』, 기아경제연구소.
이영면(2005), 「대우자동차의 매각협상 사례연구」, 『분쟁해결연구』 3(1), 169~204.
이항구·조철(2000), 「대우자동차의 처리방향과 자동차산업에 미치는 영향」, 산업연구원.
정세영(2000), 『미래는 만드는 것이다』, 행림출판사.
조수연·유경민(2017), 『대한민국의 성장엔진 자동차산업』, KDI 경제정보센터/EBS 미디어.
현대자동차(1988), 『현대자동차 20년사』.
현영석(2013), 『현대자동차 스피드경영』, 한국린경영연구원.
현영석·정규석(2014), 「현대와 도요타의 품질위기와 극복」, 『품질경영학회지』 42(1), 91~109.
홍장표(1993), 「한국에서의 하청계열화에 관한 연구」, 서울대학교 경제학과 박사학위논문.
홍하상(2022), 『뮌헨에서 시작된 대한민국의 기적: 한국 산업화의 설계자 김재관』, 백년동안출판사.
GMKorea(1973), 「소형승용차사업계획서」.
KDI(1980), 「한국의 자동차공업」.
KOTRA(2025), 「중국 자동차산업 최신 동향 및 시사점」.
Lane, N.(2025), "Manufacturing Revolutions: Industrial Policy and Industrialization in South Korea," *The Quarterly Journal of Economics*, 140-3, 1683~1741.
Lee, K. and C. Lim(2001), "Technological Regimes, Catching-up and Leapfrogging:

Findings from the Korean Industries," *Research Policy*, 30, 459~483.
The Annual Report of the Council of Economic Advisers(2024), *Economic Report of the President*.

국가기록원(https://www.archives.go.kr/next/viewMainNew.do)
김재관 박사 기념관(https://www.zaequankim.org/)
자동차모빌리티산업관(http://www.cybercarmuseum.or.kr/)

찾아보기